李健誠醫生 著

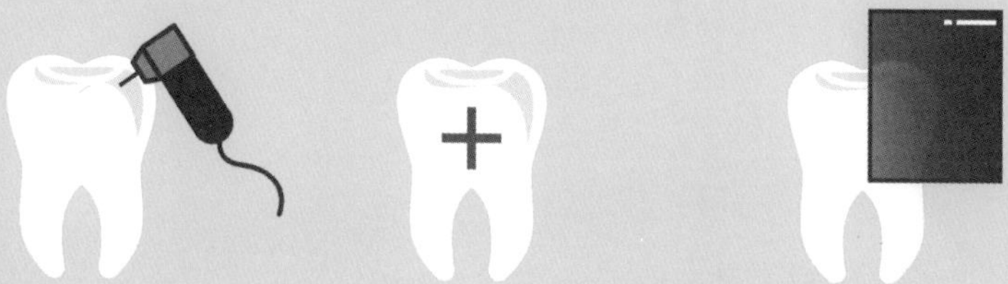

原來如齒

牙科專科醫生由淺入深分享牙齒口腔健康知識

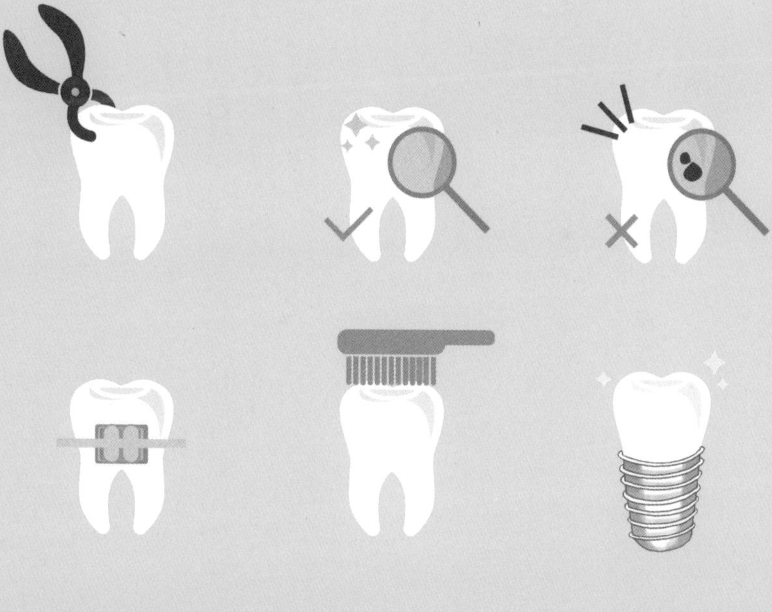

目錄

第三章：植齒科技大躍進

第四章：口腔頜面科技全面睇

第五章：牙齒以外

我所認識的李醫生

2006 年有幸做了李健誠醫生的普通話老師。

初見面，他年輕、樸實、有禮貌，像個大學生。對他來說，陌生的普通話，固然不能講，連聽也聽不懂。他說：「我很笨，要比別人加倍地努力才行。」課後，他像小學生似地做功課，聽、跟讀課上他給老師的錄音。

一年的時間，他在「中心」的階梯教室裡，給國內來學習的醫生們用普通話講課了。課後，他對我說：「姑娘們笑我，說我夠勇敢」。姑娘們口中的「勇敢」，有幾分調侃，但在老師眼中，這位自稱「笨」的學生，他的勇敢是真的，其中包含着勤奮與才智。

他的勇敢來自他對生活與事業的追求。他年紀輕輕就和朋友辦起了這所「植齒頜面外科中心」。這不是普通的牙科診所，他們做許多口腔頜面手術：兔唇、口腔腫瘤、「兜齒」（上下牙齒合不攏）或者牙齒外露等等。其他診所的疑難病症也送來請他們解決。

李健誠醫生的名氣越來越大，但是，他並不以此為傲。

他用三年的業餘時間，重返香港大學學習，準備專家資格考試。他成功了，當了專家，但他並不以此自居。

韓祝華老師

每個人有每個人不同的生活價值。他努力賺錢，沒錢就沒法生活，但他認為，錢不是生活的全部。有錢才有能力幫人，有錢大家分享才是一種幸福。他每年抽時間到艱苦的地方做義工。到過泰國北部、緬甸、去過四次柬浦寨、三次到雲南的昭通、河南等地。為那裡的人講口腔衛生知識，給他們補牙、拔牙。他曾住在偏遠的昭通鄉村做義工。那裡的貧窮、骯髒，到現在想起來心裡還很難過。

他也向香港市民宣傳口腔衛生知識，曾在《明報》寫專欄，做專題介紹。他鄙視那些口喊平等，身居高位之後，即無視他人的人。

他工作起來，投入、認真，對助手們講「上班時，你們聽我指揮，嚴肅工作；下班以後，我們的身分是平等的，不分職位的高低。」所以，每當中午休息時，他常和大家坐在一起談笑風生。他營造了和諧寬鬆的工作環境，大家工作起來心情愉快。

只有這樣的人，才能不斷創造輝煌！

充滿趣味的科普書

李醫生請我為這本書作序，作為李醫生診所的合伙人，我很高興看到李醫生要出版這本關於口腔健康的科普書，我也非常樂意寫個開場白，表達我對李醫生那分熱誠的讚賞。畢竟要在公餘時間寫一本推廣口腔健康的書，所需要的精力和堅持是非一般的。

牙科是醫學專業，作為牙醫，為病人提供最適當的治癒是使命，而終身學習是牙醫達致使命的不二途徑。學無止境，醫學知識也是不停進步和發展，要透徹瞭解和充分掌握新知識，教與學是分不開的。李醫生是口腔頜面外科專科醫生，除了不斷學習牙科專業的新事物，李醫生也在香港大學兼職給牙醫學生授課，另外他還經常外出參加學術會議，更貼地的是李醫生也在報章上寫口腔健康的專欄，直接參與推廣口腔健康教育的普及工作。

學然後知不足，教然後知困。

這本書輯錄了李醫生過去在專欄中曾發表的文章，是李醫生利用自己從教與學之中所獲得的經驗，把一些原本對於大眾既艱深又複雜的課題，深入淺出地寫成了一篇篇帶趣味性的科普文章，這是一本寫給普羅大眾的科普書，我看得很愉快，推薦給大家。

周國輝口腔頜面外科專科醫生

以普羅大眾為對象的牙科書籍

跟作者李健誠醫生一樣，我也是一名牙科醫生。平日執筆不外乎是在診症時寫病歷。所以，首先要很感謝他願意「冒險」邀請我為他的新書寫序。

作為牙科醫生，走出自己的「舒適圈」，踏出診所，透過社區外展活動去多接觸來自不同地區及階層的人，才能令我們學會應用自己已知的去貢獻社會。每次進行外展工作的時候，當人們知道你是牙科醫生後，都會雀躍的把握機會發問，小至長痱滋及蛀牙，大至口腔癌，他們都想逐一了解清楚。當時我想：若果他們不是碰巧遇上我的外展活動，這些問題他們又會循甚麼途徑得到解答呢？當然，發現自己口腔或牙齒有問題求醫是最佳辦法，然而我們也總不能動輒就去求醫，也不應該生病了才要想去了解自己的身體。

互聯網的資訊繁多，且未必所有訊息也是由專業人士撰寫，加上坊間以普羅大眾為對象的牙科書籍不多。以上種種，相信這就是具有豐富臨床經驗的李醫生寫下這本《原來如齒》的主要原因。書中不但闡述了很多常見的口腔問題，比如是孕婦最關心的懷孕期間牙齒健康、年輕人想了解的隱形矯齒，以及老人家常見的植齒問題。其中更是結集了他在診所的所見所聞，輔以解釋。李醫生淺白的文字讀來親切，貼近讀者的日常生活，非常易懂，令對牙科只有初步認識的讀者也能輕鬆理解。讀畢此書，不難發現李醫生平日診症時對病人的仔細觀察，認真地站他們的角度思考，將病人腦海裡對牙科雜亂的疑慮及問號整理成書，供讀者參考。

從學醫到行醫這將近三十年間，最令我感到滿足的不是別的，是看到病人由進入診症室憂心忡忡、眉頭深鎖的樣子，變成如釋重負的樣子走出房間。為病人診症治療是醫生的職責，用自己的知識去幫助其他人，就是醫生的最終目標。

朱振雄教授

自序

還記得第一次執筆為報紙寫專欄，已是2001年的事，編輯本是邀請我的拍檔供稿，但他工作太忙，便問我有沒有興趣，那時我剛開始最後階段的專科實習，正所謂初生之犢，膽粗粗便答應了，沒想到一寫便是三年共百多篇的文章，而此書所結集的，是其中一部分而已。

不要小覷這幾百字的專欄，一開始總要花上兩小時左右思前想後，才可完成一篇文章，最困難的不是分享牙科的知識，而是用中文寫作，須知我從中五會考過後，預科和大學的生活，差不多完全不用寫讀中文，只用英語，突然要用中文寫作，還要在報紙刊登，可想而知壓力有多大！

晃眼間十多年過去了，我亦由普通牙科醫生，成為了口腔頜面外科專科醫生，幾年前開始萌生一個念頭，可以將這些專欄文章結集成書，因為坊間以一般人為對象的牙科相關書籍非常罕見，普羅大眾要找相關知識並不容易，再者，在這個已發展的城市裡，我深信大眾應該擁有基本的牙科知識。當然，牙齒有問題，最理想的解決方法，是找牙科醫生，作診斷和治療，此書的作用，只希望讀者能更加認識自己的病情。

可惜一直忙於工作，亦知道文章需要修改和更新，一直未有付諸行動，機緣下認識了一位從事出版工作的病人，她是我一位完成了植齒治療的病人，在她不斷的催促和鼓勵下，終於可以完成這個心願了，實在感謝萬分。

第一章

牙科基礎班

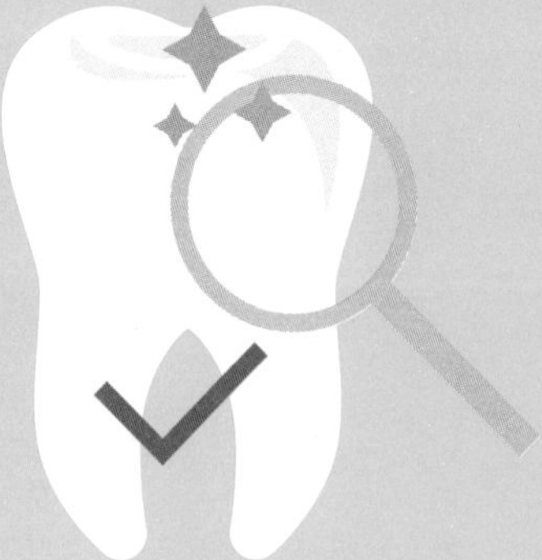

牙齒，20隻就夠

你或會認為，人越大，就會越來越多牙齒脫落、蛀壞、或鬆脫，但事實並非如此，只要你好好保養你的牙齒，理論上，你可以一世擁有一副完整的牙齒。

完整的牙齒

一個人在正常的發育條件下，會擁有8顆門牙（Incisor：或稱切齒，用以撕裂食物）、4顆犬齒（Canine：用以撕裂食物，俗稱殭屍牙）、8顆臼齒（Molar：用以最後磨碎食物）、8顆前臼齒（Premolar：功能介乎兩者之間），共28顆牙齒；也有人幸福一點，能擁有長得正常的智慧齒，因此他們會有32顆牙齒。

所謂完整牙齒的意思，並非一定要有32顆牙齒，根據研究報告指出，一個人只要擁有8顆門牙、4顆犬齒及8顆前臼齒，在咀嚼功能方面已經可說是足夠了。

或許你又會說，要一生擁有這20顆牙齒，又談何容易呢？當然，若你已經損失了多顆牙齒，筆者也沒有甚麼辦法；但對於還沒有損失太多牙齒的讀者而言，你就有多種辦法了，其中包括勤力一點刷牙、定期找醫生檢查及洗牙、及早將早期的牙病（尤其是蛀牙及牙周病）治療妥當。這樣，你就能長期擁有一副美觀而實用的牙齒了。

牙齒酸軟：原因

牙齒解剖圖

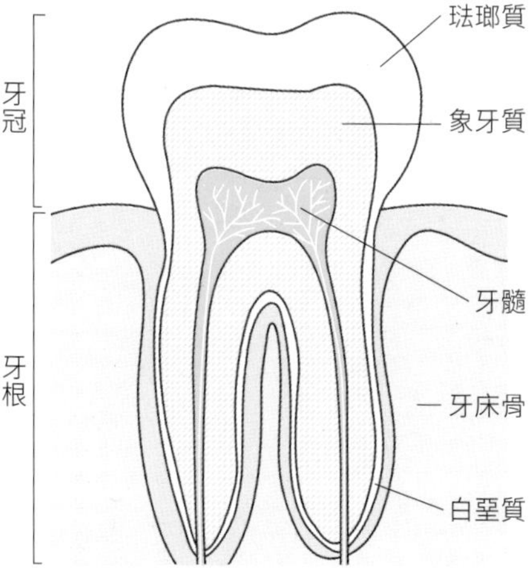

根管治療後的牙齒

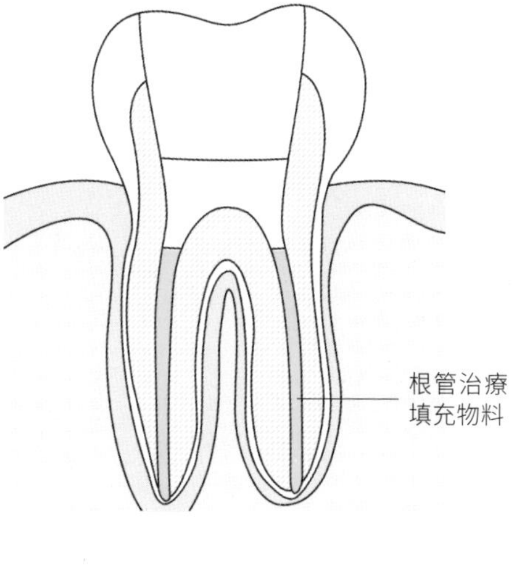

牙齒的結構

從外觀上說，牙齒可簡單地分為兩個部分，就是牙冠及牙根（見圖）。「牙冠」就是我們在自己口腔裡面見到的部分，外層是「琺瑯質」（Enamal），內層是「象牙質」（Dentine）。「牙根」就是藏在牙床骨裡面的部分，外層是「白堊質」（Cementum），內層也是「象牙質」。要留意的是，象牙質中有不少管道，內藏一些長條狀細胞，這些細胞就與牙齒酸軟有着莫大的關係。

象牙質外露

正常的琺瑯質是十分堅固的，它能抵受一定程度的撞擊，當然，也是有極限的。在正常的情況下，琺瑯質保護着牙齒，也提供我們咀嚼的能力。倘若它由於某種原因而損壞了（譬如一些咬破了的牙齒），象牙質就會外露於口腔中，而那些長條形的細胞遇上溫度的差異或酸甜的食物時，就會發出神經脈衝，使腦部感應到酸軟的感覺。

與牙痛同一道理

事實上，這與牙齒蛀壞了所引致的疼痛是同樣道理的，當細菌有足夠時間及糖分使琺瑯質蛀穿了一個洞時，便可以接觸到象牙質，那時，細菌便能直接刺激長條狀細胞，所產生的神經脈衝傳到牙髓，再傳到大腦，病人便會感到牙痛。倘若再嚴重一些，蛀壞的程度到了牙髓，痛楚的感覺就更大了。

牙齒酸軟・治療

既然位於象牙質（Dentine）中的長條狀細胞，是牙齒酸軟的根源，那麼我們有沒有辦法去阻止它們產生酸軟的感覺呢？

根管治療莫濫用

按常理來說，只要我們把那些細胞取出來的話，牙齒便不會再有感覺了，但是話說回來，那些細胞有上千上萬個那麼多，它們每一個亦獨立地處於一個只有顯微鏡才看得到的細小孔道內，因此可以說是沒有可能的。

另一個可行的辦法，便是將牙齒的主要神經部分（牙髓）取出來，這便是「根管治療」，俗稱「杜牙根」，可是，由於治療本身也會對牙齒產生某個程度的傷害，因此只適宜使用於少數產生嚴重酸軟的牙齒而已。

自我處理方法

當然，牙齒有問題最好是儘快找牙科醫生診斷，因為早期的蛀牙，病徵往往與牙齒酸軟十分相似，倘若牙齒酸軟牽涉多顆或全口牙齒，就可以首先嘗試以下方法，如果過了一個或兩個月，情況仍持續沒有好轉的話，就該立即求醫了。

筆者建議的自我處理方法如下：

1. 早晚用含氟化物（Flouride）的漱口藥水漱口；
2. 早晚用含特別配方的「防敏感牙膏」（Desensitizing Toothpaste）刷牙；
3. 避免吃喝酸性較高的食物或飲品（如橙汁）；
4. 儘量少喝紅、白酒；
5. 切忌刷牙過分大力或使用硬毛牙刷。

牙周病及最新治療概念：基本知識

牙周病是相當普遍的牙科疾病，筆者將以一個問答的形式，由淺入深，闡述出一些病人對牙周病的常見疑問，以及在傳統治療以外的新概念。

問：「牙周病」是甚麼？

答：牙周組織是牙齒的支持組織，包括牙周韌帶和牙床骨（見圖）。凡發生在牙周組織的疾病則稱之為牙周病，主要病因在於不能保持口腔衛生，使牙菌斑堆積在牙齒周圍的組織，造成牙周組織的破壞。普遍症狀包括牙肉流血腫脹，冷熱敏感，牙齒鬆動或移位、口臭，膿包等。

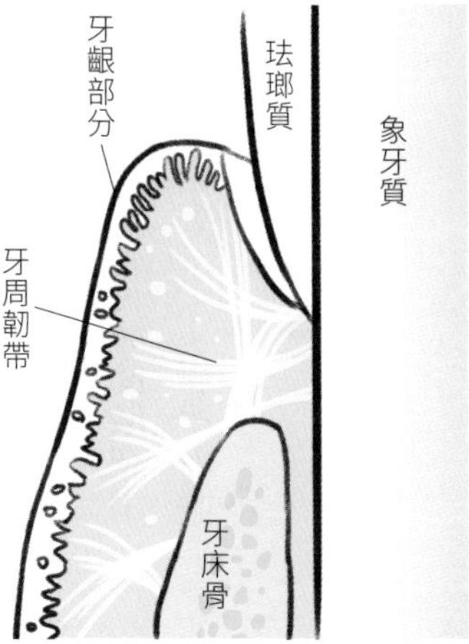

問：為甚麼洗牙能治療牙周病？

答：口腔內的牙菌斑未清除乾淨，日久與唾液中的礦物質結合沉澱，鈣化成硬塊，這些硬塊便是「牙石」，開始形成時呈乳白色，但日子一久，就染色成黃褐色或黑褐色。由於牙石表面粗糙，容易積聚細菌，必須依靠牙醫「洗牙」，就是把附在牙齒上的牙菌斑和牙石清除掉的意思，藉此控制牙周病。

問：牙周病為害大嗎？

答：輕微者則引致牙床骨收縮，牙齒搖動。嚴重者則會使牙齒脫落或移位，影響美觀及咀嚼功能。

問：為甚麼牙齒會漸漸鬆脫？

答：牙周病是確確實實的慢性病，無痛是其特徵，當牙周病令周圍的牙床骨及牙周韌帶收縮到一定程度，牙齒再沒有足夠的支撐組織，因此便會漸漸變得鬆動。

問：牙周病和心臟病有關？

答：美國密芝根大學（University of Michigan）的盧爾教授（Professor Walter Loesche）發表了研究，指出牙周病導致心臟病的可能性。盧爾教授在研究中發現，冠狀動脈病患者的血管中，相比起非病患者，含有較多引發牙周病的同類細菌。

由於引發牙周病的細菌，可以循着血管流到身體各部分，繼而損害血管的內壁；再者，當牙周附近肌肉組織發炎，白血球便會產生一種類似蛋白的物質，稱為Cytokine，從而影響身體血管，使脂肪易於積聚在血管內壁上，因此牙周病患者便可能較易患有冠心病或中風。

牙周病及最新治療概念：洗牙預防

問：洗牙為何那麼辛苦？

答：牙石表面粗糙，是積聚細菌的根源，必須清除，以控制牙周病。由於牙石往往積聚於牙肉深處，倘若要徹底清除牙石，必須將牙肉微微弄開，才能將洗牙儀器放進積聚牙石的地方。一些經常有洗牙習慣的病人，由於牙肉健康，這過程是不會有太大不適的；相反，倘若你從沒洗牙，或口腔衛生長期欠佳，便會有很多牙石藏於牙肉深處，引致牙肉慢性發炎，當醫生將牙肉弄開以清理牙石時，便會覺得特別疼痛，發炎越厲害，痛楚便越厲害。

總括而言，洗牙不單只是清除表面的污漬那麼簡單，要洗得清潔，以達到預防或治療牙周病的作用，一點兒的辛苦是絕對少不免的，假若情況惡劣，或需先注射麻醉藥，或分開數次洗牙。

問：洗牙後為何感到牙齒酸軟？

答：由於牙肉及牙床骨收縮，牙周病患者比健康的病人，會露出較多的牙根部分，但卻往往蓋着一層厚厚的牙石，當牙石被清理後，露出來的牙根部分便會更多，只要遇到冷凍、甜或酸的食物，便會感到酸軟。病人應注意，這是治療牙周病初期的正常反應，理應按照醫生的指示處理，切勿因此而違疾忌醫，否則代價是牙齒變鬆，甚至漸漸脫落。

問：牙肉腫脹一定因為牙周病嗎？

答：有些牙肉腫脹，如只接受傳統的牙周病治療，是不會收縮的。原因是他們根本不是牙周病，最普遍的「非牙周病腫脹」則是牙齦瘤病，嚴格地說，它們並不是腫瘤，而是一些類似腫瘤的生長，例如樣貌極像牙肉發炎紅腫的「炎性牙齦瘤病」（Pyrogenic Granuloma）、主要在孕婦中發現的「孕婦型牙齦瘤病」（Pregnancy Epulis）、「纖維性牙齦瘤病」（Fibrous Epulis）。此類病症需視乎情況，作進一步化驗及檢查。

另外，需要長期服藥的病人，如高血壓、癲癇和曾移植器官的病人，亦有較大機會有牙肉腫脹的現象。倘若經常牙肉紅腫、流血和潰瘍頻密，特別是一些年輕病人，更有可能是白血病（Leukemia）的先兆，切勿掉以輕心。

牙周病及最新治療概念：鑲牙問題

問：為何牙周病患者難以適應活動牙托（假牙）？

答：大部分因為牙周病而喪失牙齒的病人，都會發現固定假牙（即不需定期取出來清洗的假牙）或活動牙托（即需定期取出來清洗的假牙），無論在美觀及舒適方面，都不能滿足他們，原因如下：

1. 固定假牙

適合失去一兩顆牙齒的病人，俗稱牙橋。使用後咀嚼方面不會受太大影響，但必須將旁邊健康的牙齒磨細，所以此方法並不健康。

2. 活動牙托

適合失去多顆或所有牙齒的病人。使用後多難以舒適咀嚼，原因是牙周病會加速牙床骨收縮，使牙托沒有足夠的支撐，因此用作承托假牙部分的牙肉便產生痛楚，亦容易鬆脫，更談不上甚麼好看不好看了。

問：為何醫生說早些脫牙對「植齒」有利？

答：以現今最新的科技而言，「植齒」（Dental Implant）已是最好的鑲牙方法，好處在於不需將旁邊健康的牙齒磨細，又能夠鑲固定假牙，據最新的研究顯示，成功率及耐用性都遠超傳統的鑲牙技術。

當牙周病的情況嚴重，需要脫除多顆牙齒的時候，而活動牙托又不能提供舒適和美觀的治療時，植齒便是唯一可行的方法。可是，牙床骨亦有可能因牙周病受侵蝕；再者，脫牙後牙床骨也會隨着時日不斷流失，而收縮到分量不足的地步（見 30 頁圖），或有需要「植骨」（即由身體其他部分取骨或使用植骨代用品，以填補牙床骨的不足），才能有足夠的骨骼去支撐植體。

因此，當醫生發現牙周病嚴重，又認為植齒適合該病人時，為了保存所剩下的牙床骨，或許會提議病人及早脫掉牙齒，以避免「植骨」手術，從而更有效地為病人重新製造一套健康、穩固的牙齒。

問：沒有足夠牙床骨分量，仍能植齒嗎？

答：當然。沒有一個植齒病人是希望植骨的，可是為了達到最理想的效果，在某些病人身上，這仍是必須的。由於科技日新月異，因為植齒而需要植骨的病人已越來越少，在牙床骨分量不是太少的時候，仍可以利用植骨代用品（Bone Substitute）來填補不足。最新的顴骨植齒（上顎）和導航手術，亦為不少不願植骨的病人帶來新希望。

牙床骨切面圖

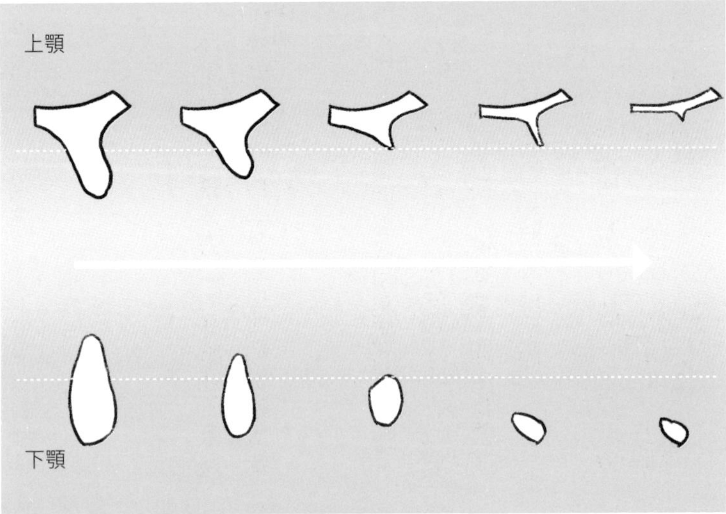

隨年日增長，脫牙後牙床骨收縮會越見嚴重（如箭嘴示）。

脫牙與健康：普通性脫牙

一天，筆者為一位患有牙周病的病人脫除了一顆牙齒，可是當病人看到那被脫出的牙齒時，就問筆者：「這顆牙齒好像沒有甚麼問題，真的是那鬆得很的一顆嗎？」

為甚麼要脫牙？

就以上的事件而言，雖然筆者在脫牙前已解釋清楚脫牙的原因，可是病人仍有一種錯誤的觀念，便是：「需要脫除的牙齒一定是蛀壞了的」。

當然，一般人都知道，牙齒蛀壞了，到了不能補救的地步，便要脫牙；可是，你又是否知道，有不少情況，沒有蛀壞的牙齒也是需要脫掉的呢？正如以上的病例，便是因為牙床骨受牙周病所侵蝕，於是牙齒變鬆，發炎越見頻密，因此脫掉了的牙齒看起來便完整無缺，此現象稱之為「牙周病」（就是牙齒周圍出現問題的意思）。

除了蛀牙和牙周病外，其他會導致脫牙的原因包括：創傷、阻生、多生齒、矯齒和病理（如長在水囊或腫瘤旁的牙齒）等。

兩種脫牙方法

脫牙主要分為普通性及手術性兩種。「普通性脫牙」（Simple Extraction）意指不需弄開牙肉及牙床骨，便能將整顆牙齒包括牙冠及牙根拔除。「手術性脫牙」（Surgical Extraction）則應用於一些埋藏於牙肉及牙床骨內的牙冠及牙根（例如阻生智慧齒、或當牙冠已嚴重蛀壞到剩下牙根的情況），由於涉及的步驟增多，過程亦相對地增長，手術後不適的程度亦會提高；可是，一般來說，只要按照醫生的指示，定時服藥及護理傷口，3、4天內便可回復正常。

脫牙後的處理

對於脫牙後的傷口處理，一般醫生都會於脫牙後告訴病人，可是筆者發現，不少病人由於脫牙後過分緊張，以致不能記下醫生所述說的要點，特此在這裡將筆者所採用的「脫牙後如何處理」之要點列出來：

1. 在12小時內不要漱口（因止血後血凝結在傷口上有止血作用，如將血塊沖去會引致流血）；
2. 不要用手指或舌頭觸碰傷口；
3. 如有些少血水（其實大部分是唾液）可將之吞下，千萬不能漱口；
4. 如發覺繼續流血，可以清潔紗布或手帕捲成一小塊放在傷口處緊咬15分鐘，用以止血；
5. 若（4）無效往見醫生；
6. 勿飲酒或過熱的飲料；
7. 勿作體力勞動；
8. 24小時後至第5天可用暖鹽水含在傷口處數分鐘，每天3、4次；
9. 必須依指示服用藥物。

脫牙與健康：手術式脫牙

甚麼是「手術式脫牙」？

「手術式脫牙」（Surgical Extraction）是一種脫牙方式，應用於一些埋藏於牙齦及牙床骨內的牙齒（不論是牙冠或牙根），過程中必須弄開牙齦及牙床骨，令要脫除的牙齒增加外露出來的部分，從而能更有效地將整顆牙齒抓緊及拔除。

那一類牙齒需要「手術式脫牙」？

最普遍要使用「手術式脫牙」的情況，就是脫除阻生智慧齒，或當牙冠已嚴重蛀壞到只剩下牙根的時候。原因是它們往往被牙齦肉及牙床骨重重包圍，不能輕易取出；聽似複雜，可是大家可想像一下，假若你想將一粒封在石膏中的波子取出來（波子代表要脫除的牙齒，石膏則代表牙肉及牙床骨），必須先將石膏弄開才行；當然，你可以將整分石膏弄碎，取出波子，可是在脫牙過程中，醫生會儘量減少對牙肉及牙床骨的傷害，換句話說，醫生要在石膏上開出最細小的洞，以拿出藏在其中的波子，其中一種辦法便是將波子分成數小份，從小洞中取出來。

病與脫牙

雖然「手術式脫牙」乃屬小型手術，可是在某些長期病患者身上，治療前或許有需要調校藥物（如長期服用類固醇的病人）或安排服用抗生素（如風濕性心臟病），以確保該病人的安全。因此，病人應注意：必須將自己的病歷（包括所患疾病及定期服食之藥物）告訴醫生，切勿隱瞞。

靜脈麻醉＝無痛脫牙？

「靜脈麻醉」是一種已沿用多年的技術，比全身麻醉的麻醉深度較淺，安全性亦相當高，普遍應用於小型手術和牙科治療上，特別是上述所提及的「手術式脫牙」，更是適合不過。

過程是這樣的：病人只需在接受治療前讓醫生在其手背上安放一支小型的靜脈導管，醫生便可將鎮靜藥水透過導管注入病人體內，不消一分鐘，病人便會進入半睡眠狀態，當你從睡夢中醒過來的時候，治療已經完成了。其目的在於令病人減低對四周環境的警覺性，從而處於半清醒狀態，過程中仍會懂得按醫生的指示作出反應。

倘若手術複雜一點，全身麻醉便是首選了，病人於麻醉後將完全失去知覺，甚至呼吸也需依靠機器維持，因此風險亦相對提高，可是在現今的醫學水平上，出現問題的可能性已十分微了。

手術後頭一星期的一般現象

- 疼痛及腫脹
- 張口困難
- 唾液帶血
- 積瘀

● 輕微發燒

手術風險

脫除智慧齒只屬小型手術，可是即使是如何小型的手術，也有其不同程度的風險，醫生最普遍擔憂的，是損害三叉神經線（下頜神經及舌神經）的可能性，從而引致手術一邊的舌頭或嘴唇麻痺。

假若醫生診斷脫除整顆智慧齒的風險真的十分高，又不能不脫時，也可以只脫牙冠部分（Coronectomy），但這方法並不建議在一般情況下使用，因為日後始終有可能需要動另外一項手術將整顆智慧齒取出，在智慧齒有炎症及蛀牙嚴重的情況下，也不適合。

由於每一位病人的智慧齒都會處於顎骨不同的位置，所牽涉的風險也相應不同，因此病人應向醫生查詢自己的個人情況。

脫牙與健康：預防性脫除智慧齒

不少病人詢問：「我的牙齒雖然蛀壞了，但沒有痛，為何醫生總是提議我脫掉它們呢？」更有人說：「為何牙醫總是叫病人脫除智慧齒的呢？」

不脫除壞牙有何問題？

大部分蛀壞了的牙齒，若及早發現，補牙可以解決問題；若果蛀壞情況十分接近或已感染牙髓，就需要根管治療（杜牙根）了。若不理會它，只會不定時引致輕微疼痛，長久不予理會，便會產生嚴重痛楚。

原因是這樣的：蛀壞了的牙齒，倘若沒有適當的治療（如補牙或根管治療），會滋生及培育細菌，破壞慢慢到達牙髓，便會引致發炎（牙髓炎）；由於大多數的發炎現象，都是「慢性」

的，所以不一定會引致不適或疼痛；可是，「慢性」發炎亦是「急性」發炎的前奏，當「慢性」發炎轉為「急性」發炎的時候，那顆牙齒便會劇痛無比，當時即使立即治療，病人亦難免感到相當痛楚（因為局部麻醉在「急性」發炎的情況下效力會大大減低）。

再者，牙髓發炎亦可擴散，嚴重的可牽連眼部、腦部、心臟或引致呼吸道阻塞，雖然這些情形並不常見，但筆者曾於醫院看到的病例，亦為數不少。

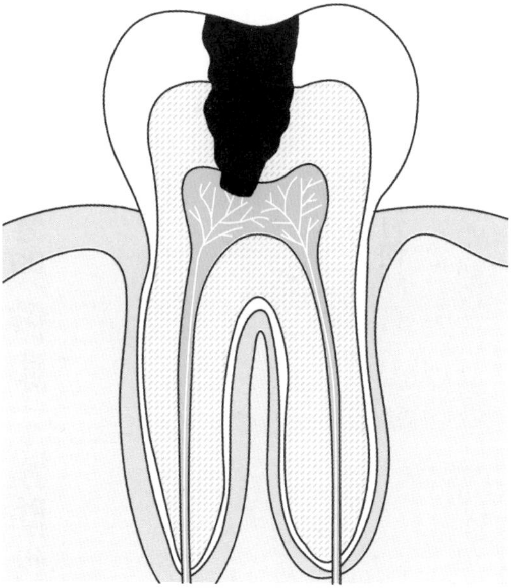

蛀牙將琺瑯質及象牙質破壞，已到達牙髓位置。

不脫除智慧齒有何問題？

由於智慧齒處於口腔最深入的地方，打理困難之餘，也由於它們往往是阻生（即不能整顆牙齒長出來）的，因此較容易蛀壞，問題便與以上的相同。

但是沒有發炎的阻生智慧齒亦有可能產生不同的問題，例如它能促使相連的第二顆大牙被蛀蝕、引致水囊（Cyst）或腫瘤（Tumor），特別是「牙源性角化水囊」（Odontogenic Keratocyst）及良性的「造釉細胞瘤」（Ameloblastoma）的出現，都是常常與阻生智慧齒有關的，這些亦是醫生最普遍擔憂的病理種類，所以不少醫生都相信「預防性脫除智慧齒」（即是未有問題前便將它們拔除）最能幫助到病人，特別是當智慧齒已出現明顯的衞生問題時，就更有迫切性。

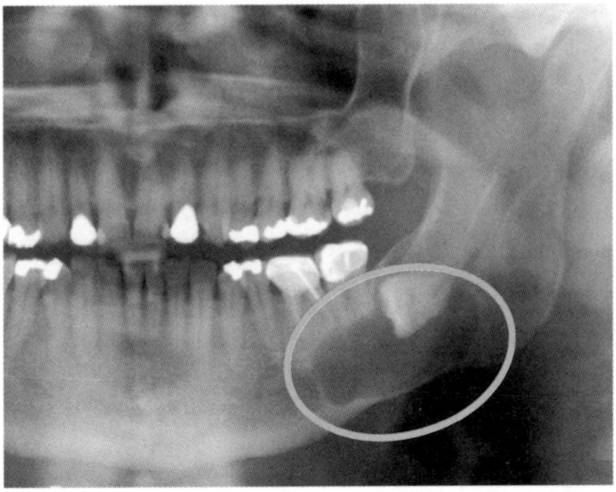

阻生智慧齒（圓圈示）引致了「水囊」。

最可惜的，便是大部分的病人，在患病過程中，都沒有多大的病徵，到發現的時候（特別是水囊或腫瘤），往往到了相當嚴重的地步，而治療後所帶來的後遺症，亦相對嚴重。因此筆者提議各位讀者：應儘早脫除倘未發生問題的智慧齒，以防日後它對你帶來不必要的痛苦。

抗生素的疑惑

不少病人都有一個錯誤的觀念，就是：「脫牙後必須服食抗生素。」甚至有病人會認為沒有處方抗生素的醫生不是好醫生，這當然是大錯特錯。

甚麼是抗生素？

遠於 1928 年，佛萊明（Alexander Fleming）在英國倫敦聖瑪麗醫院的實驗室中，注意到培養皿中的葡萄球菌，被一種叫做「盤尼西林」的霉所抑制，於是佛萊明便認為這種盤尼西林霉有抑制細菌生長的功效，並將觀察到的現象發表在 1929 年的學術期刊上，從此便開始了抗生素與細菌將近一世紀的爭戰。

抗生素（Antibiotics）就是抗病菌藥物的意思，俗稱消炎藥，就不同的細菌感染，會需要不同類型的消炎藥來對抗。至於引致口腔發炎的各種細菌，大部分都能受到盤尼西林（Penicillin）的控制；可是，亦有不少細菌是需要一些較特別的抗生素才能控制到的。

你或許會問：「何不服用多種抗生素，一次過對抗多種細菌呢？」答案絕對是否定的。

抗藥性

病菌有一種可怕的特性，就是當它們遭受到一種抗生素的屠殺後，只要它們仍有少數存活，不斷繼續繁殖，它們的後代便會對那一種抗生素產生「抗藥性」（Resistance），自此以後，醫生便要找尋其他的抗生素去取代以往的那一種。

在香港這個城市中，過分濫用抗生素的情況甚為嚴重，「抗藥性」亦相比起其他鄰近的亞洲國家嚴重，「超級細菌」（即不受任何抗生素控制的細菌）相繼出現，更有學者提出，十年後醫生能選用的抗生素數目將會少之又少；到這時候，就好像多年前沒有抗生素的年代一樣，最普通的小型傷口感染也有可能致命。

切勿胡亂服藥

因此病人絕對不應胡亂服用抗生素，以免日後大家受到更多有抗藥性的細菌所威脅。除非醫生認為病人的傷口有較大機會或本身已受到感染，否則脫牙或一般簡單的植齒手術後並非一定要服用抗生素的。

懷孕時的牙齒保健

不少婦女知道自己懷孕後，都又喜又驚，喜的當然是將有一個小生命的誕生，驚的是很多日常生活中的細節往往有需要改動，但又不知道那一方面要特別留意及何謂正確。筆者在此向孕婦介紹有關牙齒和口腔要注意的地方。

蛀牙與懷孕

不少人說：「胎兒會吸走母親牙齒的鈣質」，事實上，是沒有科學根據的。

婦女因懷孕而流失的鈣質，只要有均衡的飲食，是很容易得到補充的。可是，血液中短暫的鈣質下調，或會使孕婦唾液中的含鈣量也降低，從而減低了唾液的防蛀功能，所以便容易蛀牙，而並不是胎兒直接從母親牙齒中抽取鈣質所致。

相信不少孕婦曾有經驗，懷孕期間有經常嘔吐的現象，而嘔吐物中含有胃酸，這便是蛀牙的根源；另外，口味改變，普遍喜歡吃帶酸性食物或零食，加上飲食分量增加和行動不便，使食物殘渣在牙縫堆積，因此口腔裡的細菌便有足夠時間及養料產生酸性，以侵蝕牙齒，這些正是懷孕期間使牙齒變壞的主因。

懷孕期的牙肉腫脹

懷孕所引致的賀爾蒙變化，使牙肉容易發炎，造成了「懷孕期牙周病」，嚴重者，甚至會形成「牙齦瘤病」，但若能保持口腔及牙齒清潔，便能防止此類發炎現象，因此孕婦對刷牙的要求務必提高，最好能定期使用牙線或漱口藥水。

預防方法

1. 倘若準備懷孕，應預先作牙齒及口腔檢查，儘早修妥已蛀牙齒及洗牙；
2. 早晚刷牙，宜多清理牙縫，避免食物渣滓長期停留在口腔中；

3. 使用一些有防蛀功能的漱口水；
4. 避免吃太酸的食物或飲料；
5. 嘔吐後儘快漱口，以免胃液中的酸性侵害牙齒。

懷孕期間的口腔治療

懷孕初期（第1至第3個月），由於胎兒正處於器官分化的階段，容易受到消炎藥、麻醉藥的影響，子宮亦較敏感，易受到外界刺激而收縮，所以只適宜作簡單的治療，而第4至第6個月則是最適合治療的時間。

假使病人在不適合治療的時間患上急性口腔或牙齒疾病，治療會以減輕症狀為主（例如服食止痛藥），而醫生亦會建議病人於生產後再接受治療。如在懷孕期間必須進行複雜的牙科治療或手術，應在設備齊全之診所進行，或有需要徵詢婦產科、心臟科和麻醉科醫生的意見，以確保產婦與胎兒的安全。

你有磨牙的問題嗎？

「磨牙」不用尷尬

昨天有位在診所服務了多年的新婚護士，帶點尷尬地詢問：「我丈夫……每晚也磨牙，那聲音令我經常睡不着，真令我非常頭痛。」

我道：「在香港，磨牙可是十分普遍的現象，實在用不着尷尬。由於大部分病人對磨牙的問題並不認識，又沒有向醫生查詢，只懂得在情況轉壞後才求醫，因而白白浪費了一個能預防問題惡化的機會。」

她又問：「我丈夫為甚麼會磨牙呢？」

我道：「遺傳、精神緊張、咬合不正、腸道寄生蟲和腸胃道經常膨脹，都是磨牙的病因，其中尤以精神緊張最為普遍。由於病情複雜，理應儘快找出病因，以作適當的預防及治療。」

她想了一會，忽然變得相當緊張：「你說我丈夫的情況或會轉壞，是甚麼意思呢？」

我又道：「經常睡夢中磨牙，日積月累，會引致牙齒磨損、裂牙、咀嚼肌疼痛、牙周組織和牙骹關節受損，甚至經常有頭痛的現象。由於損壞速度不快，嚴重的牙齒磨損，往往於病人四、五十歲的時候才被發現，屆時或需將所有牙齒套上牙冠，甚或全部脫除。」

治療及預防

事實上，要防止病人繼續磨牙可算十分困難，倘若能找出病因，則能事半功倍。正如精神緊張，醫生可以處方一些能放鬆心情的藥物，以幫助病人於睡眠時減輕壓力，從而不再磨牙。可是，醫生亦有機會找不出明顯的病因，在這情況，預防性的治療則能作出最大的效用，以防止磨牙所帶來的不同壞影響。

甚麼是「咬牙膠」

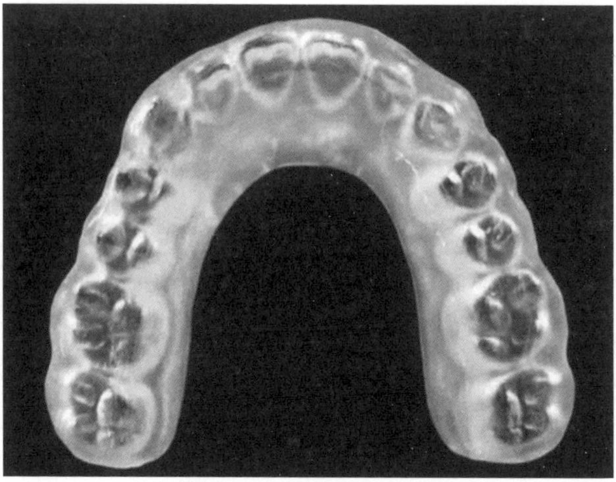

「咬牙膠」可冶療牙骹痛及防止因磨牙而令牙齒磨損的現象。

「咬牙膠」乃屬對付磨牙最常用的工具，相信很多病人亦曾有佩戴的經驗。「咬牙膠」種類多不勝數，但大致上可分為軟和硬兩種，其用途甚廣，包括治療牙骹痛及防止因磨牙而令牙齒磨損的現象；在沒有明顯的病徵時，只要病人在一星期內能磨穿軟牙膠，就能診斷為「磨牙」，有此現象，或有需要轉戴厚一點或硬牙膠，以減低磨牙對牙齒、牙周組織及牙骹關節的影響。

筆者曾遇上不少年輕病人，由於磨牙對他們未曾產生嚴重影響，即使醫生已為他們製造了適當的咬牙膠，亦不願配戴，可是當他們發現問題的時候，便後悔莫及了。「預防勝於治療」，倘若你有磨牙的現象，請儘快求醫，勿讓情況轉壞。

常口乾也是病

我們為何會感到口乾？

你或會說：「答案實在簡單不過，喝水不足當然會感到口乾。」

你或許能解釋得更清楚：「當身體有缺水的跡象時，會將訊息透過鈉分子的濃度，傳達到腦部，促使唾液腺減低分泌唾液，從而使人產生口乾的感覺。」

事實上，人體的唾液腺以三對主腺為主，分別為耳下腺、頜下腺和舌下腺（見圖）；另有一些小唾液腺，分布於整個口腔中，負責分泌不同黏性及濃度的唾液，於正常情況下，可以每天分泌超過一公升的唾液，用以滋潤口腔黏膜及中和酸性；倘若身體有缺水的現象，唾液腺便不能有效地製造足夠的唾液。

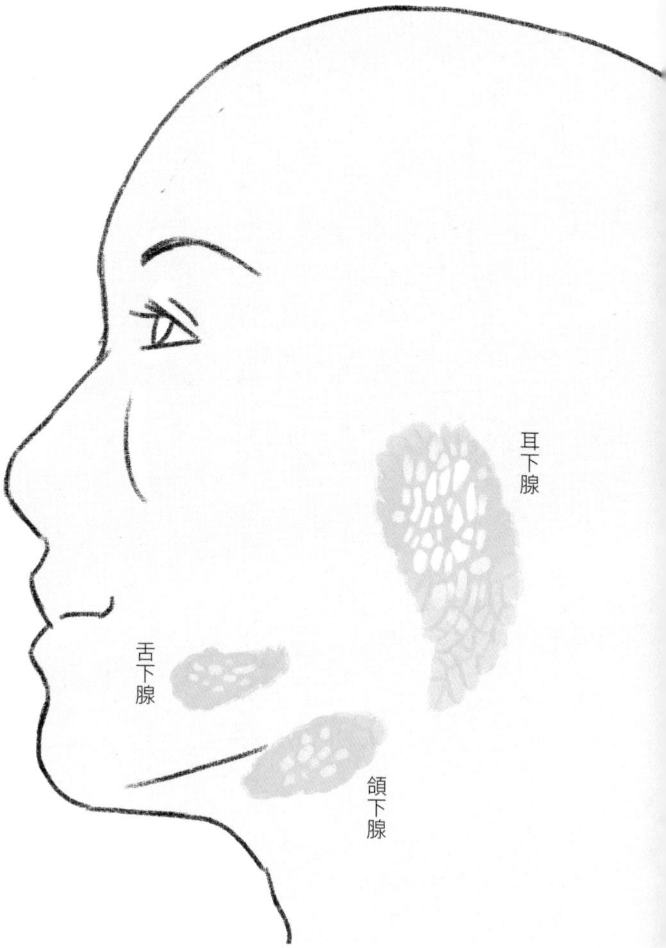
耳下腺
舌下腺
頜下腺

可是，縱然喝上足夠的水分，卻仍有一些病人長期處於口乾的狀態，原因是甚麼呢？答案可以很多，筆者不能一一盡錄，只能將一些最普遍的病因闡述出來。

「經常口乾」的普遍病因：

1. 藥物影響

相信你也曾經歷過感冒服藥後，有口乾的現象。事實上，很多西方藥物皆有減低唾液分泌的副作用，導致口腔及咽喉乾涸不適。只要不是長期服用此類藥物，則沒有即時換藥的必要。

2. 甲狀腺功能障礙

假若甲狀腺功能下降，便會引致口乾；而常見的「甲狀腺低下症」則是由於自體免疫機能失調所致；另外，食物含碘不足亦是原因之一，嚴重的甚至會發生甲狀腺腫大（俗稱大頸泡），但由於現今食物充足，這種狀況已極為罕見。

3. 唾液腺阻塞或腫瘤

當唾液腺受到結石阻塞或受到腫瘤威脅，便不能輸出正常分量的唾液，病人往往會在用膳時感到唾液腺腫脹及痛楚，倘若有此病徵，必須立即通知醫生，以安排適當的檢查。

4. 修格連氏症候群（Sjögren's syndrome）

此病乃屬「自體免疫性」疾病，以中年婦女居多，除了唾液腺受到損害外，亦常有其他合併病同時發生，如淚腺病變，類風濕關節炎及紅斑狼瘡，因此必須及早診斷，以減低產生併發症的機會。

另外，糖尿病患者或曾接受電療的病人亦會長期有口乾的現象。

經常口乾點算好？

何謂「經常口乾」？

倘若你每天只喝半杯水，而經常感到口乾，解決問題的辦法只有一個，便是喝多一點水，而且每天最少3杯，才能補充每日失去的水分。而這裡說的「經常口乾」，醫學上稱為Xerostomia，是一種病態的口乾，不論你喝多少杯水，仍會常常感到口腔乾涸。

「經常口乾」的病因包括藥物、甲狀腺功能障礙、唾液腺阻塞及腫瘤、修格連氏症候群、糖尿病和電療等。但是經常口乾是不是只會令病人有不適的感覺呢？當然不是那麼簡單。

「經常口乾」的壞影響

1. 減低食物對味蕾的刺激，使味覺敏銳度下降；

2. 唾液的潤滑功能減少，使吞嚥困難；
3. 失去唾液的防蛀功能，令牙齒容易被蛀蝕；
4. 從口腔進入的病菌，唾液中的抗體便是它們要衝過的第一道防線，因此「經常口乾」的病人較容易受真菌感染；
5. 倘若患上「修格連氏症候群」（Sjögren's Syndrome），或會同時患有淚腺病變，類風濕關節炎及紅斑狼瘡。

預防與治療

1. 藥物方面

倘若需要長期服食一些引致口乾的藥物，就必須向醫生查詢可否轉換一些影響較少的種類，切忌胡亂自行換藥或停藥，而服用一些能增加唾液分泌的藥物亦是可行方法。

2. 治療有關疾病

前文所提及的病因，包括唾液腺阻塞及腫瘤，都必須及早診斷，治療方法尤以手術為主，一些惡性腫瘤則需有電療的輔助，方能達到最佳效果。

3. 唾液補充

嚴重口乾的病人（如曾接受電療的病人），必須經常補充不足的唾液，以減低產生壞影響的機會，醫生常用的則是一種名為甲基纖維素（Methyl Cellulose）的唾液補充劑。

4. 防止牙患及感染

必須經常檢查牙齒及口腔狀況，及早將蛀壞了的牙齒修補妥當，亦應定期作氟素治療，倘若發現真菌感染，必須立即對症下藥，以免病情惡化。

長假期牙痛如何是好？

可能大家不是經常要看牙醫，但一旦突發牙痛，又遇上新春、聖誕、復活節等長假期，可能多等一天也痛苦非常，筆者決定寫一篇「長假期牙痛如何是好？」，希望幫助到一些有此需要的病人。

長假期前

或許你會說醫生老套，老是說：「病向淺中醫」。可是，此乃恒久不變的金石良言。在長假期前，你必須將久未修補的牙患找牙科醫生處理妥當，特別是一些蛀得十分嚴重的牙齒，要記着它們是不會自動痊癒的，而只會不定時帶給你痛楚的感覺，因此你應該將它們及早脫掉。

另外，一些有長期慢性發炎的智慧齒，亦是筆者在長假期的時候，看到特別多的牙科急症類別，既然有可能要在假期中忍受多天的痛楚，而結果又是要脫掉它們，倒不如在長假期前先處理好，你便可以安枕無休了。

長假期中

那麼如果遇到一些突發性的牙患時，又如何是好呢？

1. 突然牙痛

倘若你突然牙痛，可暫時服用一些止痛藥（如 Paracetamel），或以冰敷患處，以減輕痛楚，切勿胡亂服用消炎藥，否則有可能使病情惡化。

2. 流牙血

倘若你流牙血，是不一定要到急症室求診的，你可將清潔紗布或手帕捲成一小塊，放在流牙血處緊咬15至20分鐘，或重複做一至兩次，便可止血，切忌經常將紗布取出取入或頻吐口水，從而影響凝血。

假若情況嚴重，以上措施功效不顯著，你需到就近仍應診的牙科醫生處求診（事實上是有不少的），真的找不到時（如深夜時分），便可到就近急症室求醫，事實上，急症室只會提供有限度的急症脫牙服務，倘若急症室病人太多，牙痛病人只會得到一些處方藥物，你若想修補牙患，實在是妙想天開了。

長假期後

上述所提及的，只是一些臨時措施，而根本問題卻仍然存在，因此你必須在長假期後，找牙科醫生處理問題的根源。

全口牙托問題多多

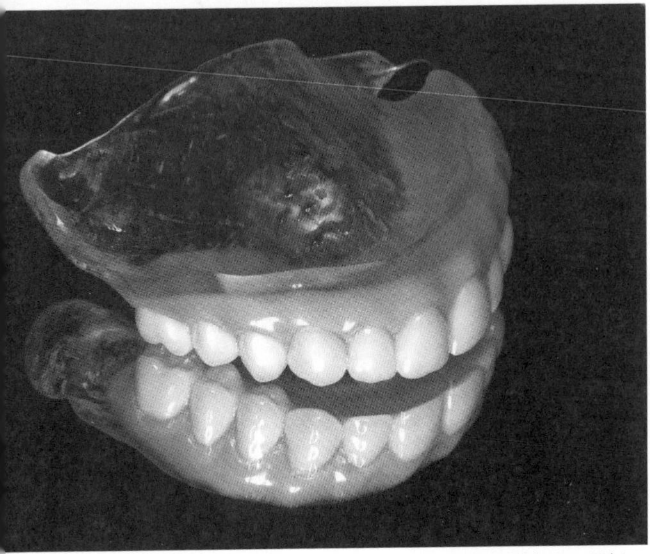

此乃上顎之全口牙托。

活動牙托的天生缺陷

當病人由於某種原因，失去所有牙齒的時候，傳統的鑲牙技術，便會為病人製作一副全口的活動牙托，即需定期取出來清洗的假牙。

但據研究顯示，不少病人對全口牙托的滿意程度都偏低，主要原因在於活動牙托是依靠口腔黏膜與假牙之間的吸力、顎骨的高度及病人口腔肌肉的活動配合，方能達到穩定的效果。可是，由於活動牙托會加速牙床骨收縮，因此病人會發現牙托越來越鬆，即使換上一副新的，亦會比先前的不適；病人佩戴假牙的年分越久，便越難適應新的牙托。

病人一般的誤解

不少病人認為轉換一副新的牙托是十分容易的事情，事實上，當病人每次製造一副新的牙托，醫生所面對的困難便比上一次多，因此有部分病人會感到新造的一副不及舊牙托的初期狀態那麼理想，甚至需要修改的次數亦會較多。

病人應注意：切勿過於心急，每一位病人的口腔狀況也有不同，而牙托要修改的次數亦有所不同；學習用全口牙托咀嚼，應先由較軟的食物開始，謹記定期覆診。

常見毛病及解決辦法

傳統的全口牙托實在有不少問題，以下是一些常見的毛病：

1. 牙托會越來越鬆；
2. 咀嚼時痛楚；
3. 重複地產生潰瘍；
4. 不能有效地咬碎食物；
5. 被假牙覆蓋的口腔黏膜呈紅腫現象。

有以上的問題，就必須向醫生提出，看看是否有辦法改善。但是要完全避免它們發生，便必須依靠最新的植齒（Dental implant）科技。經過不同國家多年的科學研究，植齒科技已是現今最好的鑲牙方式，它能為病人提供一副固定的假牙（即不需定期取出來清洗的假牙），亦沒有傳統牙托的常見毛病。於香港最新的研究亦已肯定，其成功率可達98%。

第二章

口腔病理通識

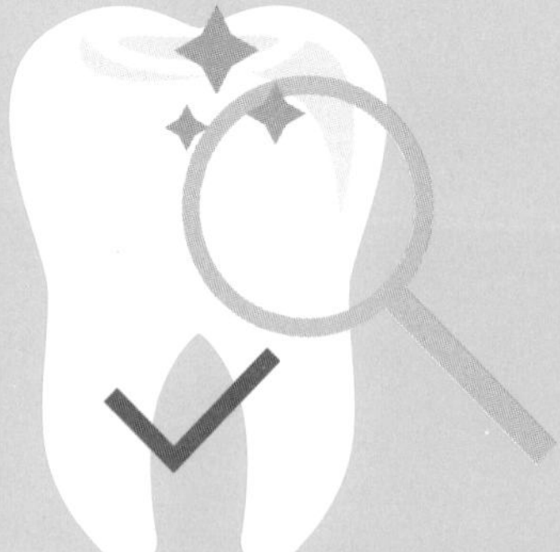

糾糾纏纏的痱滋

甚麼是「復發性口腔潰瘍」？

楊太：「我的口腔內經常出現痱滋，每次復發都十分痛苦，連咀嚼或吞嚥都有困難，往往需要多日才能復元。當痱滋完全康復後，又會不定時復發，嚴重時可以1個月復發3至4次。」

李醫生：「根據臨牀診斷，你口腔內的症狀，可能是一種名為『復發性口腔潰瘍』的疾病，俗稱『痱滋』。此病共有三種形態，一種是潰瘍直徑小於1厘米的輕微型；另一種是潰瘍直徑大於一厘米的嚴重型；第三種是似疱疹而結集成群的潰瘍。你只是患有最普遍的輕微型。」

楊太：「我為甚麼會患此病呢？」

李醫生：「此病的病因有許多，例如生活壓力、遺傳、創傷、缺乏維他命B12或鐵質、貧血、女性月經甚至內分泌的影響。倘若情況嚴重，醫生可以為你做一些血液樣本的化驗，以確定痱滋是否因為缺乏某些營養或賀爾蒙失調所引致，從而對症下藥。」

治療與科技

那麼李醫生能否令楊太的痱滋不再復發呢？

事實上，到目前為止痱滋還沒有根治之方，可是醫生卻可使用一些方法，嘗試減低痱滋的復發次數，最普遍是應用含有類固醇的外用藥膏或消毒漱口水。假若證實潰瘍是由於其他身體疾病（如貧血）所致，就應該按照醫生指示接受有關治療。

最新的醫學報告亦顯示，復發性口腔潰瘍乃跟免疫系統出錯有關，而服食適當分量和短期服用的類固醇或免疫調節劑，或會有令人鼓舞的效果。可是長期服用此類藥物會有相當的副作用，因此病人必須按醫生的指示服藥，切勿胡亂服用或停藥。

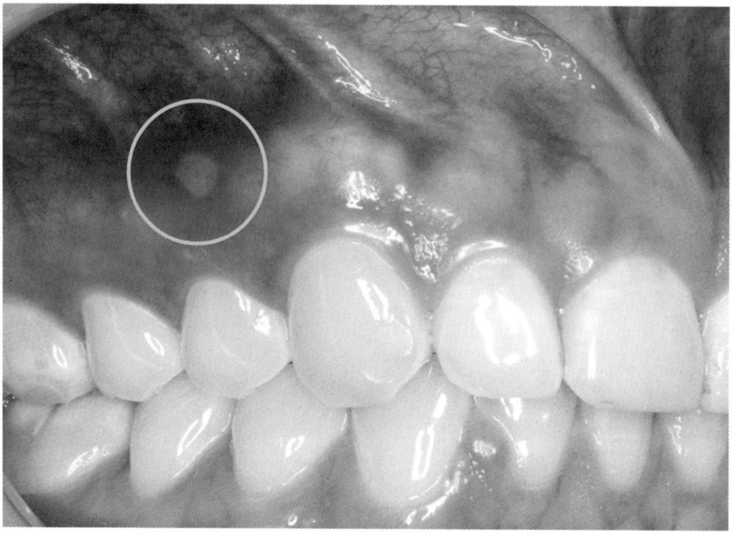
復發性口腔潰瘍俗稱「痱滋」（圓圈示）。

其他引致潰瘍的疾病

有潰瘍病徵的疾病很多，例如扁平苔癬（Lichen Planus）及類天疱瘡（Pemphigoid）。要注意的是，潰瘍是大部分口腔癌的早期病徵，尤以鱗狀細胞癌（Squamous Cell Carcinoma）及口水腺癌（Salivary Gland Carcinoma）為主，特別是一些長久不癒而又沒有痛楚的潰瘍，有問題的機會便更大了。

「病向淺中醫」是恆久不變的道理；因此，如果潰瘍復發次數頻密，又或久不好轉，就必須向醫生查詢，或有需要作進一步檢查。

根治創傷性潰瘍

「復發性口腔潰瘍」俗稱「痱滋」，除了痱滋以外，還有一種名為「創傷性潰瘍」的問題，是屬於一種更普遍的疾病。

甚麼是「創傷性潰瘍」？

「痱滋」的病因有許多，包括生活壓力、遺傳、創傷、缺乏維他命 B12、鐵質、貧血、甚至女性月經及內分泌失調，也會引致病發。相比起來，「創傷性潰瘍」就簡單得多了，因為病因只有一種，就是「創傷」。

患有「創傷性潰瘍」的病人，會在口腔內復發性地出現潰瘍，潰瘍大小有異，但是每次出現的地方卻是一樣的（如在舌頭外側），當潰瘍痊癒後，相隔不久，潰瘍會再次出現；每次病發，

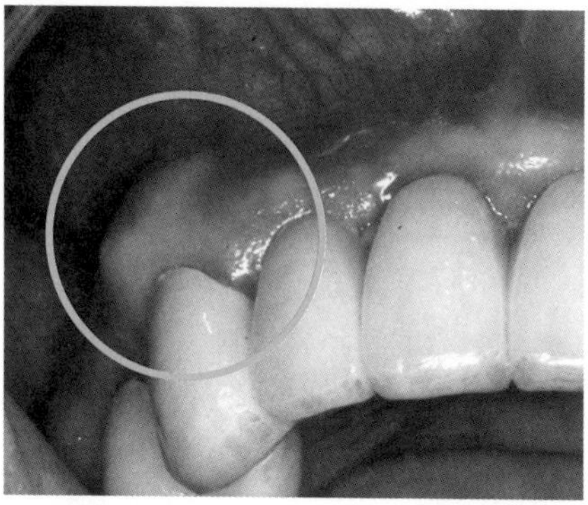

如果牙骨向外突出（圓圈示），病人便會不時在該處出現潰瘍。

都會十分疼痛，並且需要6至10天方會痊癒。

因此，病人倘若發現自己所患的潰瘍是經常發生於同一位置時，便必須向醫生查詢，找出導致創傷的原因，其中包括不合適的假牙、牙齒過尖、咬口不正常、牙骨不平整（見圖）等。

治療

只要除去產生創傷的原由，潰瘍就不會再復發。倘若假牙或牙齒過尖，便要將它們弄得平滑一些，至於牙骨不平整的情況，則需要動用小手術來將牙骨磨平，其效果往往都十分顯著。

扁平苔癬（Lichen Planus）

找不出病因？

相信大家對「扁平苔癬」並不熟悉，其實這是一種「自身免疫系統」出錯所產生的疾病，並非由病菌感染形成。主要病徵是口腔兩頰的黏膜上，出現白色的條紋，互相交叉組成網狀、樹枝狀或地圖狀（見圖），但亦有小部分病人的皮膚會同時受到影響。久而久之，口腔黏膜會漸漸變薄，有灼熱感，甚或糜爛和刺痛，特點是時好時壞，容易復發。

雖說此病與免疫系有關，可是筆者卻發現，大部分病患者皆是精神緊張的中年婦女，而合併病症如高血壓和糖尿病亦非罕見。最新醫學報告亦顯示，這與肝硬化、乙型和丙型肝炎，甚至疱疹病毒有密切關係，實在不容忽視。

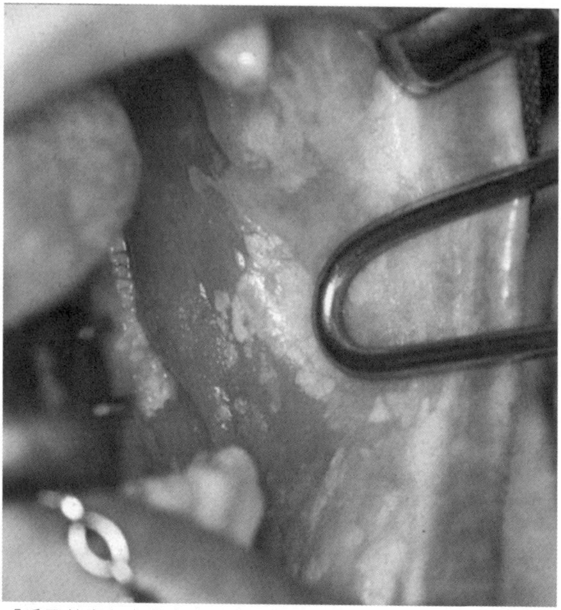

「扁平苔癬」有機會令口腔兩頰的黏膜上，出現白色的條紋或斑狀，互相交叉組成地圖狀。

日新月異的醫學科技

傳統的治療方法，主要是應用一些含有類固醇（Steroid）的口腔軟膏，其效用則因個別病人而有所不同，但仍是控制早期扁平苔癬的最佳方法。倘若情況嚴重，或須接受切除手術或冷凍治療，往往有令人滿意的功效。

科技日新月異，不少仍在研究階段的新療法，包括「免疫調節劑」，如左旋咪唑（Levamisole）和干擾素（Interferon），或有可能成為未來治療的主導，可是現在仍未能證實其功效的可信性及安全性，達到普及使用的階段仍言之過早。

扁平苔癬與癌症

根據最新研究顯示，大約有2至5％的扁平苔癬，會演變成口腔癌；雖然醫生能根據臨床經驗，對扁平苔癬作出準確診斷，可是醫生卻不能只用雙眼臨床診斷癌症，必須透過「切片化驗」（Incisional Biopsy）及早診斷癌症，從而提高治療的成功率。

最後，也是一句「病向淺中醫」，患者切記要定期覆診，以防患處病變卻懵然不知。

口腔黏膜變白可大可小

由於近來有數位經介紹而求診的病人，都是口腔黏膜不正常地呈現白色，後來證實是口腔癌，特此在這裡提醒各位病人，應經常注意自己口腔的情況，或作定期檢查。

甚麼情況應注意呢？

大部分病人都不知道口腔黏膜不正常呈現白色，是可大可小的。當然，絕對不是所有呈白色的組織，都是不正常，毋須過分緊張；可是，當白色組織突然出現，變紅、變大，或有潰瘍現象出現時，務必立即找醫生查詢，切勿遲疑。

吸煙或酗酒的害處

口腔黏膜不正常地呈現白色的病人，如果有吸煙或酗酒，會較大機會出現問題。你或會說：「醫生只會叫病人戒煙和戒酒。」吸煙或酗酒引致的疾病，除了心臟病、肺癌、中風等頭號殺手外，你又是否知道，吸煙或酗酒和口腔裡的不少病變，是有直接關係呢？有研究顯示，吸一

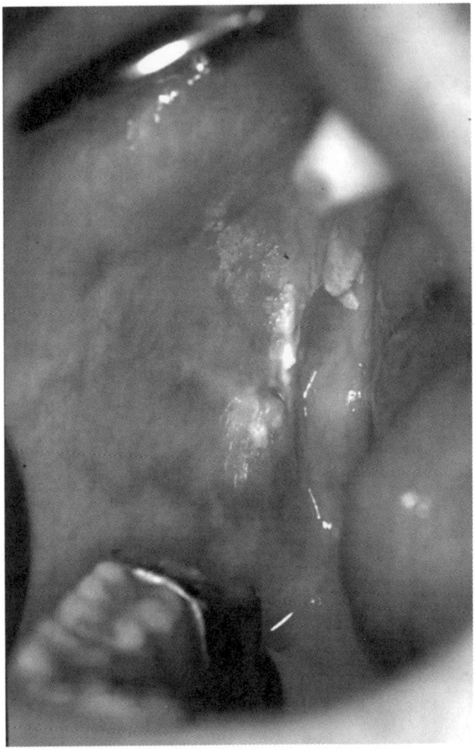

口腔黏膜不正常呈現白色，有可能是白斑，是其中一種癌前期。

支煙，已能令某些細胞產生病變，更可以是永久性的。

口腔病理學的研究指出，吸煙或酗酒的病人，無論在患上「白斑」（即其中一種癌前期）或口腔癌的機會率，都比非吸煙或酗酒的人高出8倍之多。

口腔呈現白色的各種疾病

簡單地說，口腔黏膜不正常地呈現白色，可以是煙斑（吸煙引致）、白色角化症（損傷所致）、念珠菌白斑（感染所致）、扁平苔蘚（自身免疫問題）、白斑（癌前期的一種，即圖中所示），甚至是口腔癌，因此，口腔黏膜變白絕對不容忽視。

口腔變白是甚麼病？

究竟甚麼疾病會引致口腔黏膜變白？以下是一個清單，詳述5種較常見的疾病。

1. 白斑（Leukoplakia）

一些邊界清楚的白色斑紋，不能將之擦掉。屬「癌前期」的一種，意指它有可能變成口腔癌，因此假若醫生懷疑病人患有此病，便會提議病人接受「切片化驗」，以確定是否已變為癌症，特別是處於舌頭兩側的白斑，有問題的機會較大。

2. 硬顎斑（Smoker's Palate）

由香煙中的有害物質（如尼古丁）所引致，常出現於上顎中的硬顎部位，邊界不清楚，顏色呈白色或灰白色，只要病人願意戒煙，便會慢慢褪去。

3. 念珠菌白班（Candidal Leukoplakia）

由念珠菌感染所致，亦屬「癌前期」的一種，有機會牽涉身體其他疾病，如貧血、糖尿病或免疫系統疾病，或有需要將之割除，方能痊癒。

4. 白色角化症（Frictional Keratosis）

由局部創傷所致，例如假牙和牙齒尖角對黏膜的長期創傷，使黏膜變厚及角化；假若創傷得以清除，便有可能自行痊癒。

5. 扁平苔蘚 （Lichen Planus）

主要病徵是在口腔兩頰的黏膜上，出現白色的條紋，互相交叉組成網狀、樹枝狀或地圖狀，但亦有小部分病人的皮膚會同時受到影響。久而久之，口腔黏膜會漸漸變薄，有灼熱感，甚或糜爛和刺痛，特點是時好時壞，容易復發。治療方法主要是應用一些含有類固醇（Steroid）的口腔軟膏，其效用則因個別病人而有所不同，但仍是控制早期扁平苔癬的最佳方法。

三叉神經痛與牙患無關

曾有一位有趣的病人求診詢問：「牙痛會否引致三叉神經痛呢？」事實上，三叉神經痛與牙齒是沒有關連的；若要明白這個痛症，必須先明白何謂三叉神經。

何謂三叉神經

三叉神經乃屬腦部第五條主神經，它不單負責咀嚼肌的活動，亦負責面部、口腔黏膜、嘴唇及舌頭一切有關冷、熱、痛的感覺。面部感覺則可分為三個區域（見圖），因此稱為三叉神經，最上的負責前額、鼻樑及頭部上端的感覺，中段負責面部前方近鼻的位置，而最下的則負責面部後方近耳朵的地方，以及下巴的皮膚感覺。

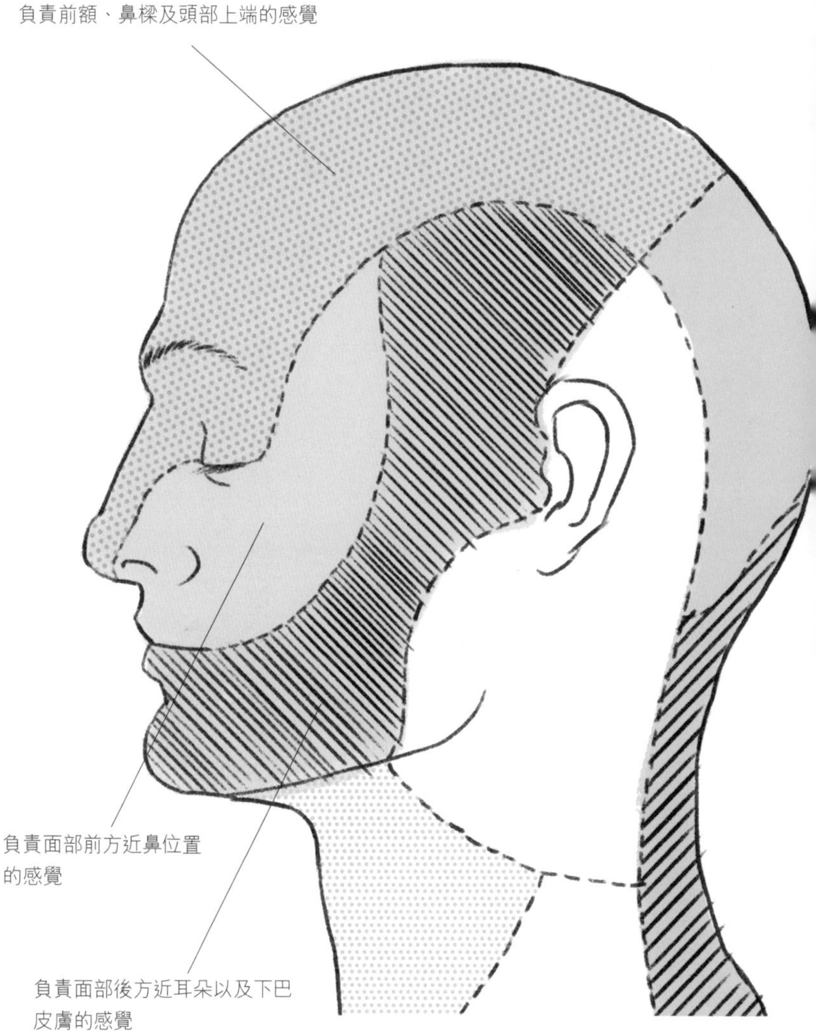
負責前額、鼻樑及頭部上端的感覺
負責面部前方近鼻位置的感覺
負責面部後方近耳朵以及下巴皮膚的感覺

三叉神經痛的起因與病徵

三叉神經痛乃由神經的退化或受到腦部某些血管的壓迫所致，與牙患無關，病人多以中年婦女為主。倘若負責感覺的神經束產生不正常的神經脈衝，腦部或會解釋為一種痛楚的感覺，病人因此會在上述的三個區域範圍內，感到針刺、電擊或刀割式的刺痛，只要觸及面部某一些特定的位置（引發區），甚至只是刷牙或洗面這些基本動作，也會產生痛楚，引發區與痛楚的位置可能並非一致。

治療方法

在現今的科技下，是沒有藥物能完全根治三叉神經痛的，藥物治療只能減輕發病時的痛楚。奇怪地，一般的止痛藥是沒有任何效用的，為此醫生普遍使用一種名為「胺咪」（Carbamazepine）的抗癲癇藥物來控制病情。但是，由於長期服食此藥或會引致白血球及血小板的數量降低，亦有小部分的病人，因本身基因緣故，有機會引致「史蒂芬斯強森症候群」（Stevens Johnson Syndrome），因此必須在治療期間定期抽取血液樣本化驗，以確保藥物對病人不會產生不良反應。病人應留意，此藥並非一般「需要時服」的止痛藥，理應按照醫生所指示的分量和時間服藥，方能達到最佳效果。

假若藥物治療效果欠佳或需要大量藥物來控制痛楚，則可試用外科手術，例如「冷凍治療」（Cryosurgery）、「神經感覺根切斷術」（Neurotomy）、「神經減壓術」（Decompression）和「射頻溫控熱凝術」（Thermocoagulation Radiofrequency）。

筆者認為，治療三叉神經痛應由最簡單的方法開始（如藥物和冷凍治療），只要病人按照醫生的指示定期服藥及覆診，一般都能將病情有效控制；倘若效果欠理想，方考慮大型手術，或尋求痛症科醫生意見。

以恆心治口腔長期痛楚

有不少病人都有長久的口腔痛楚現象，更有久久不癒，求醫無門的感覺。事實上，不是醫生幫不到病人，而是大部分病人都沒有足夠的恆心，讓醫生慢慢找出病因所在，因而得不到適當的治療。

口腔刺痛綜合症

長久的口腔痛楚，必須請教醫生，嘗試找出原因。過程需從最簡單的牙患着手，因此應先找牙科醫生作詳細的檢查，以確定痛楚是不是由牙齒引致。倘若在口腔中找不到明顯病因，亦證實不是由其他局部的疾病（如三叉神經痛）所引致，病人就有機會患上Burning Mouth Syndrome，即「灼口綜合症」了。繼而醫生便要替病人作一連串的測試和檢查，以找出一些病人不知的疾病，從而對症下藥。

成因

「灼口綜合症」常出現在一些中年婦女身上，她們會感到持久的口腔刺痛，那麼甚麼疾病引致「灼口綜合症」呢？其實病因往往是多原性的，即不止一個獨立的病因，例如糖尿病、貧血、念珠菌感染（Candidasis）或長期口乾症狀（Xerostomia），甚至一個製作不善的假牙，也有機會成為病因，再者，亦有部分病人同時患有不同程度的精神困擾，而由於長期受痛楚所煎熬，也會常常憂心自己是不是患有癌症。

當然，醫生不能確實說出那一位病人將會患上癌症，那一位不會（現今的基因技術，已在某個程度，能預知病人患上某些癌症的機會率）。可是，此病症在現今的醫學研究上，已證實與癌症是扯不上關係的。

治療

既然說此病是多原性的，當然需要針對不同的病因而對症下藥，最普遍的治療方法，是使用一些含有輕微刺激性的漱口水，或服用一些抗抑鬱藥（須註冊西醫處方）。只要病人持之以恆，聆聽醫生的指示，大部分的病人都會有明顯改善。筆者在此提醒各病患者，此病診斷及治療需時，切勿過於急躁。

牙源性水囊：成因

近日有一位醫生轉介了一位在下顎骨長了水囊的病人予筆者，可是由於病人自己認為沒有不適，因而拒絕接受診斷，抹殺了一個能及早醫治此病症的機會，筆者對病人此舉實在感到非常婉惜。

「牙源性水囊」如何形成

相信不少病人也未曾聽說過甚麼是「牙源性水囊」，「牙源性」意指病因是牙齒，「水囊」則指含有液體的囊性病理（但有些囊性病理是空心的）。如86頁圖中的例子所示，病人在下顎骨的左邊長出了一個很大的水囊。

從病理學的角度而言，「牙源性」這一詞未必能充分說明其病因，要解釋得清楚，必須由

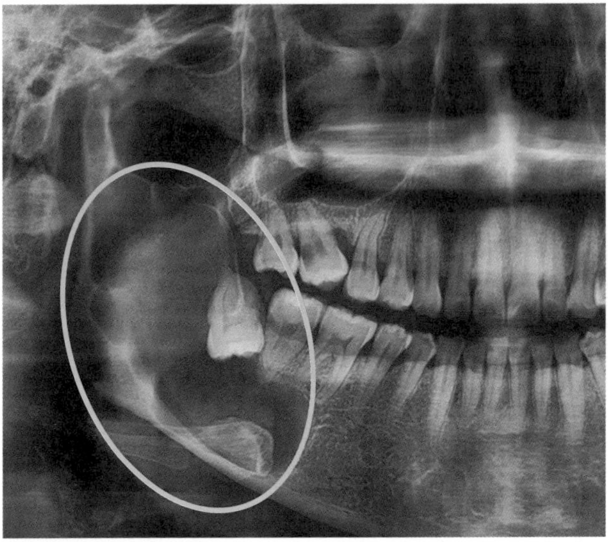
圓圈內為「牙源性水囊」。

牙齒還未長出來之前說起：牙齒是由多種不同的細胞所製造出來的，其過程十分複雜，當中往往會遺下一些細胞在牙床骨中，它們被稱為上皮細胞（Epithelial Cells），這些細胞理應處於身體的最外層，當它們不正常地藏於牙床骨時，便有可能自我分裂，慢慢侵蝕牙床骨，最後形成一個囊狀，裡面再儲了液體，便形成了水囊。（有些較少見的水囊，成因或許會完全不同，或更加複雜，未能一一盡錄。）

甚麼情況會引致水囊？

既然上皮細胞乃是病源所在，而每個

人也會因為要長出牙齒而遺下一些細胞在牙床骨中，理論上每個人也有機會患有水囊，因此醫生往往會要求病人作定期的顎骨X光片檢查，其中一個目的，便是要確定沒有此類病理的問題。

可是，有一些已知的情況，會導致上皮細胞有較大機會產生問題，例如長久沒有處理的牙根炎、埋於牙床骨而長不出來的牙齒及阻生智慧齒等，都名列榜首。病人如遇以上問題，特別是阻生智慧齒，便應詢問醫生的意見，並及早處理。

牙源性水囊・破壞

對牙床骨的損害

水囊處於牙床骨中，是會漸漸變大的，在變大的過程中，會不斷地侵蝕周圍的牙床骨，從而向四方八面擴展。這樣，牙床骨會變成中空，使之容易斷裂，久不求醫，牙床骨便會慢慢變成雞蛋殼般，嚴重時更會像蛋殼一樣破裂（Egg-shell Cracking），或引致發炎。

對牙齒的損害

當水囊貼近牙齒時，便會對牙齒周圍的組織產生破壞，像牙齒患上牙周病，結果是牙齒變鬆。再者，水囊亦有可能將牙齒慢慢侵蝕，當侵蝕到達牙髓時，便會像蛀牙一樣，產生疼痛。因此若讓水囊一直變大，就只會傷害更多組織，在喪失牙床骨之餘，亦有可能失去本與水囊毫無關連的無辜牙齒。

有腫瘤特性的水囊

有些水囊，如「牙源性角化水囊」（Odontogenic Keratocyst），處理時就會比一般水囊複雜。由於它們的囊狀部分較薄，在進行去除水囊手術時，容易留下殘餘的水囊細胞，亦因為它們比一般水囊生長得快，及擁有一些活動性特強的細胞，因此它們便有腫瘤的特性，亦會較易復發。事實上，有部分醫生視「牙源性角化水囊」為一種腫瘤的。

演變成腫瘤

再說，一些普通的水囊，亦有科學研究指出，與腫瘤的形成有關，如「造釉細胞瘤」（Ameloblastoma），就是與阻生牙齒所形成的水囊（Dentigerous Cyst）有莫大關係。

牙源性水囊：預防與治療

牙源性水囊既會破壞牙齒及牙床骨，又有一些水囊擁有腫瘤的特性，甚至有機會演變成腫瘤，那麼，我們有沒有辦法去預防水囊呢？答案是有的。以下便是筆者的一些建議：

預防之法

1. 定期找牙科醫生作口腔檢查；
2. 定期照X光片檢查牙齒及牙床骨，若有水囊正在生長，便能及早發現，減低水囊對牙齒及牙床骨的破壞；
3. 儘快治療牙患，特別是長期有慢性發炎的牙齒，便是一種「炎性水囊」的病因；
4. 將埋藏於牙床骨內而不能長出來的牙齒脫除；
5. 將阻生智慧齒脫除（因為阻生智慧齒乃是形成牙源性水囊或腫瘤的最常見病因）。

治療之法

治療水囊的辦法，基本概念是十分簡單的，方法是利用手術技巧，將整個水囊從牙床骨中取出來，服用藥物對水囊是沒有任何治療作用的。

可是，不同水囊也有不同的手術方式及其附帶的治療。例如最簡單的「炎性水囊」，除了要將整個水囊從牙床骨中拿出來外，亦需將受影響牙齒的部分牙根切除（附帶治療），以確保水囊已完全除去。

至於一些擁有腫瘤特性，或會較易復發的水囊，就需要特別處理，其附帶治療較多和複雜，包括化學治療、冷凍治療、將受影響的牙齒脫除、甚或要將部分顎骨切除。

事實上，一般水囊的生長速度是十分緩慢的，因此只要病人能定期接受牙科醫生的檢查，並正視口腔中任何細小的問題，便不會讓水囊（甚至其他疾病）為自己帶來廣泛性的破壞，切勿好像筆者早前所提到的病人一般，諱疾忌醫。

電療鼻咽癌預防併發症

最近得悉一位三十多歲的友人，不幸因鼻咽癌逝世，有感而發，列出一些此病背後，為人所忽略的資料。

事實上，筆者曾遇到不少病人，因治療鼻咽癌前後沒有足夠和正確的護理，儘管鼻咽癌得到控制，卻因為治療本身而引致嚴重的併發症。筆者當然不是鼻咽癌的專家，可是卻對控制此類併發症，有一些心得。

鼻咽癌

鼻咽癌（Nasopharyngeal Carcinoma）是亞洲區頭頸部癌症中最常見的疾病，據資料顯示，主要發生在東南亞地區，其中包括香港、廣東和台灣。顧名思義，病發在鼻咽（Nasopharynx）內，即位於咽喉的上端及鼻腔正後方之區域，屬於呼吸道的前方。治療主要分為手術和放射治療兩種，其中以放射治療最為普遍。

放射治療的副作用

「放射治療」俗稱「電療」，簡單而言，是利用電磁波或高速帶電物質，去殺死癌細胞。儘管電療技術已不斷進步，但是改變不到的，就是電療射線在到達癌細胞前，必須經過周圍的組織，因此這些健康的組織，免不了受到大大小小的損害；損害的嚴重性，視乎電療的劑量有所不同，劑量大影響自然較大，產生併發症的機會亦相對增加。

原理就是，電療會令三種維持生命的要素失調，就是「含氧量」、「細胞數量」和「血管數量」，從而減低身體組織對抗感染和復元的能力，基本上，所有副作用也是因此而起。

針對鼻咽癌的治療而言，其影響範圍則包括頭部和頸部，當中固然少不了口腔、牙齒和上下顎骨，小則可令牙患增加，嚴重的甚至連整個下顎骨亦會枯死。

減低產生併發症機會

電療雖然為不少癌症病患者帶來麻煩，但在現今的科技下，它仍是一種有效對抗鼻咽癌的療法。筆者絕對不是否定電療的存在價值（事實上，在某些病人身上，它更是唯一可行的療法），而是希望各位病患者，在接受治療前後，都明白有些措施，能減低日後產生併發症的機會，切勿掉以輕心，做一個明智的病人。

電療前後小心護理

鼻咽癌、電療和口腔之間既然有微妙的關係，自然應當了解在鼻咽癌或口腔癌的治療過程中，電療在口腔內產生的種種副作用及預防方法。以下便是一些電療對口腔造成損害的清單：

電療對口腔造成的副作用

1. 電療能直接破壞唾液腺功能，使病人經常口乾，因此減低食物對味蕾的刺激，使味覺下降，亦會減少唾液的潤滑功能，使吞嚥困難；
2. 牙齒變得容易蛀蝕，尤以近牙齦部分最普遍；
3. 容易患有牙周病及真菌感染；

4. 咀嚼肌受損，黏膜變硬，使開口困難；

5. 復原功能受損，傷口難以癒合，甚至脫牙後骨骼有枯死現象，稱為「放射性骨壞死」（Osteoradionecrosis），這是醫生最不想看到的情形，亦是最難根治的併發症。

預防併發症

1. 脫除蛀壞的牙齒

電療前，必須脫除所有蛀壞了又難以補救的牙齒，因為於電療後脫牙，便有機會引致「放射性骨壞死」，有些情況，甚至要將所有大牙除去；筆者曾遇到不忍將壞牙脫去的病人，結果得不償失，付上對付併發症的沉重代價。

2. 電療後的手術處理

倘若必須於電療後脫牙，就應該找一些有經驗的醫生，盡可能減低對骨骼的創傷。亦應按照醫生的指示服用抗生素，以防感染；在手術前，包括簡單的脫牙或植齒，甚至大型手術，可考慮先作高壓氧氣治療（Hyperbaric Oxygen），以減低「放射性骨壞死」的可能性。

3. 唾液補充

必須經常補充不足的唾液，以減低產生壞影響的機會，醫生常用的則是一種名為甲基纖維素（Methyl Cellulose）的唾液補充劑。

4. 防止牙患及感染

電療後，必須經常檢查牙齒及口腔狀況，及早將蛀壞了的牙齒修補妥當，亦應定期作氟素治療，以防牙患；倘若發現真菌感染，必須立即對症下藥，以免病情惡化。

研究顯示，長期服用一種名為「雙膦酸鹽」（Bisphosphonate）的抗骨質疏鬆藥，也和一些「骨壞死」（Osteonecrosis）有關，症狀可以和「放射性骨壞死」差不多，甚至更加嚴重，影響可達全身骨骼。病人求醫時，務必將此藥物記錄跟醫生說明，切勿認為此乃小事。

鼻竇系列：與牙床骨的關係

甚麼是鼻竇？

人類的頭顱骨（Skull），當然十分複雜，你或許想也想不到，它其中有不少部分，原來是空心的，其中「鼻竇」（醫學名稱為「上頜竇」）就是最大的部分，它上面連接眼框，內裡連接鼻子，下面則連接上顎牙床骨。短短的幾句說話，你一定看得出，它雖然是空心的，但其重要性一定很高。那麼為甚麼頭顱骨要有空心的部分呢？這個問題，連醫生也沒有一個很明確的答案，但最普遍的解釋，就是要減低頭蓋骨的重量，使大家在頭部活動時，有效減輕頸部肌肉和脊椎骨的負荷；也有人認為，與準確發聲有關。

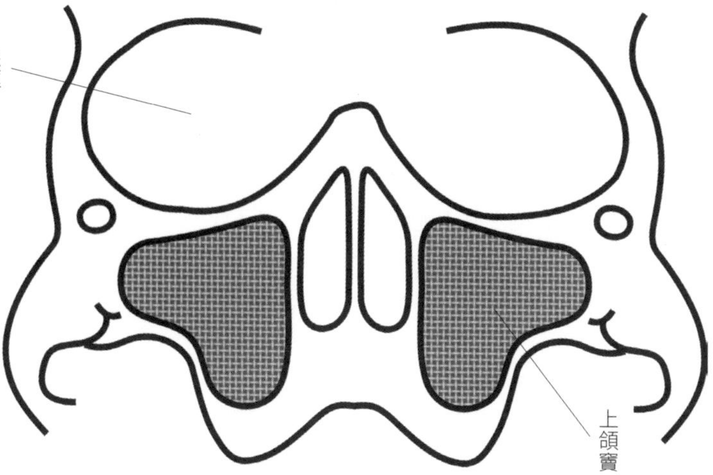

圖中是頭顱骨的透視圖，呈深色的部分就是鼻竇。

牙床骨收縮

牙床骨收縮，是脫牙後的必然現象，收縮的幅度，也隨着脫牙後的年期有所增長，脫牙年期越長，收縮幅度就越大，一些長期佩戴活動假牙的病人，牙床骨也特別容易收縮。

上顎偏後的牙床骨部分，即是前臼齒到最後大臼齒的部分，與上連的「鼻竇」實在是很接近的，倘若收縮情況很嚴重，牙床骨就沒有足夠的骨量去接受植體（因為植體要有足夠的牙床骨包圍着，方能成功）。最嚴重的牙床骨收縮，甚至會使鼻竇和口腔的分隔，只有一張紙那麼薄的牙床骨，由於還有牙肉覆蓋着，因此病人不容易知道，甚至醫生也需要X光片或電腦掃瞄的輔助，才能清楚牙床骨的真正厚度。

植齒與鼻竇

在現今的科技下，差不多可以說已經沒有甚麼病人是不適合植齒的了，醫生即使要面對只有一張紙那麼薄的牙床骨，也有應付辦法，可是，其過程便有可能複雜一些了。

鼻竇系列：脫牙與鼻竇

不少病人都以為脫牙乃是一個很簡單的過程，筆者曾經遇到一些香港病人，說他們在內地脫牙的時候，是不需要麻醉藥的，更要求筆者也不用麻醉藥，直接脫除牙齒。對不起，一個有專業操守的醫生，是不會這樣做的（除非是一些已鬆動的乳齒）；病人若果有這樣的要求，請去找無牌牙醫，相信他們會完全按照你的牙科知識，去幫你解決任何問題。

一些鬆動的恆齒，可能底部有炎症組織，自己找辦法脫牙可引致流血不止，所以預先打麻醉藥是必須的。

牙根（牙腳）進入鼻竇

上顎後方牙齒在脫牙過程中，牙根進入了鼻竇，是一個有可能會出現的問題，雖然牙科醫生不一定在每次脫牙前，都會和病人說出有這個可能性；但是，當有這問題發生的時候，病人請不要慌張，只要有適當的處理，是不會引致併發症的，可是，不妥善處理的結果，就會引致急性或慢性的鼻竇炎。當然，甚麼是適當處理，便需要牙科醫生的指引。

一個病例

筆者在上周就遇到一個這樣的病例，病人是由一個牙科醫生轉介給筆者的，事實上，病人的鼻竇確實比常人略為低了一些，致使處於上顎後方牙齒的牙根，位置可以說是完全在鼻竇之內，而牙根以上並沒有骨骼分隔開鼻竇與牙齒。由於病人的牙冠已經完全損壞了，因此只剩下牙根部分，這樣的情況，在脫牙的過程中，是很容易將牙根推進鼻竇，產生口腔與鼻竇相連的一個通道（Oroantral Communication）。

如何解決

解決方法是十分簡單的，只是一個大約15至30分鐘的手術，便可將牙根從鼻竇中取出來，也可用軟組織去修補這個通道。因此，病人若遇到以上的情形，請保持冷靜，並遵照醫生的指示，接受適當的治療。

鼻竇系列：植骨同時植齒

鼻竇與牙床骨關係密切，倘若牙床骨收縮情況嚴重，牙床骨就沒有足夠的骨量去接受植體，最嚴重的牙床骨收縮，甚至會使鼻竇和口腔的分隔，只有一張紙那麼薄的牙床骨。對於植齒而言，當然比較困難，可是在這個先進社會中，醫生已經有他們的辦法去解決這個問題。

自身取骨手術（Autogenous Bone）

要解決牙床骨缺乏的問題，必先明白何謂植骨技術，過程中醫生會從上下智慧齒或下巴的位置取骨，（甚至有時需要用到前後盤骨，雖聽似十分複雜，但事實上這些只屬於小型手術），再將取出的骨骼放在缺骨區上，再等足夠的時間，使它們與牙床骨結合，繼而便可在其上種植人造牙根腳。在某些病人身上，甚至可以在植骨的同時，將人造牙根一起放進顎骨內，這樣病人就可以額外省掉了一次小手術。

植骨代用品（Bone Substitute）

也有很多病人會詢問，曾聽說有甚麼「植骨代用品」可使用，那麼醫生為甚麼還要取骨呢？在現今的科技下，植骨代用品已可大大取代自身取骨的手術，可是，要注意的是植骨代用品始終是外來的物質，適用於一些小型的缺骨地區，至於一些較大型的，就必須利用病人自己的骨骼，去填補那些空間。那些植骨代用品一旦被身體認定是外來物質，便很容易像食物一樣，被身體吸收淨盡，這時候手術便等於白做了。因此，利用自己的骨骼做植骨的材料，在醫學界仍被視為是絕對的標準。

鼻竇系列：上頜竇底提升

將鼻竇和口腔分隔開的牙床骨，隨着脫牙後年日的增長，會不斷減低其分量，利用上一篇所說的植骨技術，可以將顎骨從口腔的一邊加厚，也可將空心的鼻竇底加高。

上頜竇底提升（Sinus Lift）

要將空心的鼻竇底加高，首先要取得植骨的材料（可以是自己身體的骨骼或是植骨代用品），繼而在鼻竇的底部，開出一個小洞，這個過程醫生必須小心翼翼，因為要儘量將鼻竇內的一塊非常非常薄的鼻竇膜（Sinus Lining）完整保留，再將它推高，從而放進植骨的材料，在這個過程中，有時也可以同時將人造牙根（植體）放在缺齒區中。

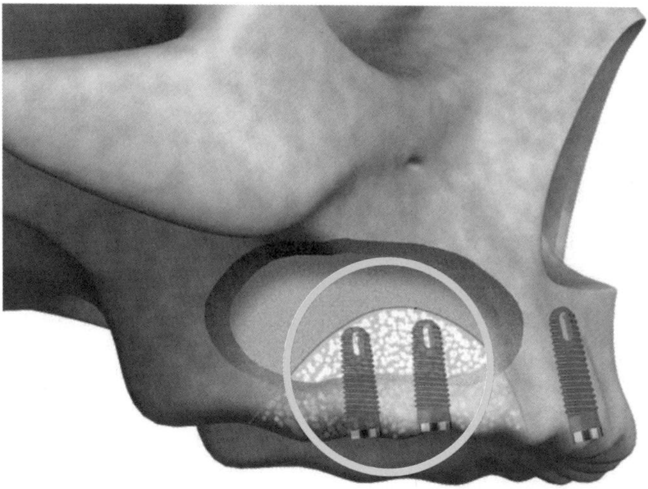

圖中圓圈是「上頜竇底提升」技術提升了的部分，上頜竇底經提升後便可放入兩支植體。

世界共識

在數年前，一個世界性的綜合會議上，不同先進國家的牙科醫生，曾達成了一個共識，就是這個「上頜竇底提升」技術是一個十分可靠的前種牙步驟，其成功率可達至90至95%。

就在十五、六年前，當時植齒技術尚未達到那麼先進水平的時候，雖然很多病人希望植齒，可是面對好像紙一樣薄的牙床骨，醫生也實在沒有任何辦法。直到這技術出現之後，醫生已差不多可以與所有缺牙病人說：「你適合植齒。」並且，某些上頜提升手術已可用上植骨代用品，其成功率相當高。因此，這個「上頜竇底提升」技術可以說是很多病人的福音。

鼻竇系列：顴骨植齒

將鼻竇和口腔分隔開的牙床骨，隨着脫牙後年日的增長，會不斷減低其分量，利用之前所說的植骨技術，可以將顎骨從口腔的一邊加厚，也可將空心的鼻竇底加高，此方法被稱為「上頜竇底提升」。

顴骨植齒（Zygomatic Implant）

上顎骨骨量不足，除了利用「上頜竇底提升」技術外，也可以使用其他辦法，現今最先進的辦法，當然是「顴骨植齒」了。

它能使原本需要長達1年時間的治療，大大縮短為4至5個月的時間，也可以節省了取骨的麻煩。方法是將較長的植體經過口腔放入顴骨當中，若情況許可，一星期內有可能已經擁有

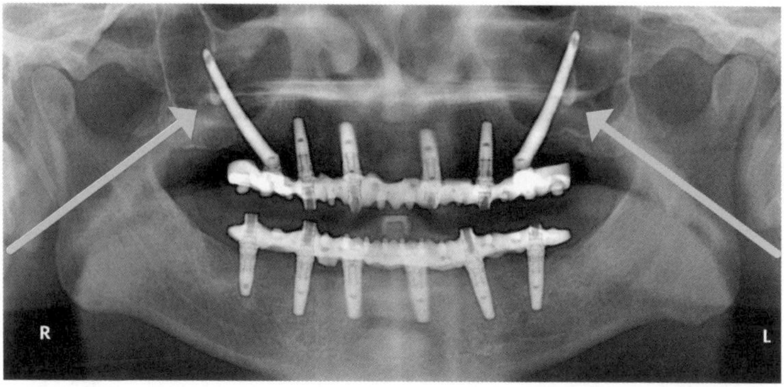

「顴骨植齒」是將較長的植體（箭嘴示）經過口腔放入顴骨當中，手術時間約一至兩個小時。

一副固定的臨時假牙（Early Loading 早期負重），再等4個月的時間，便可以替病人鑲上一副全新的固定上托。由於植齒的科技真的日新月異，這一類手術也越來越普遍，其方法也越來越成熟，在最新的電腦科技幫助下，這個手術步驟更可以在短短的一至兩個小時內完成。論到手術後的不適，也只屬於輕微。

第三章

植齒科技大躍進

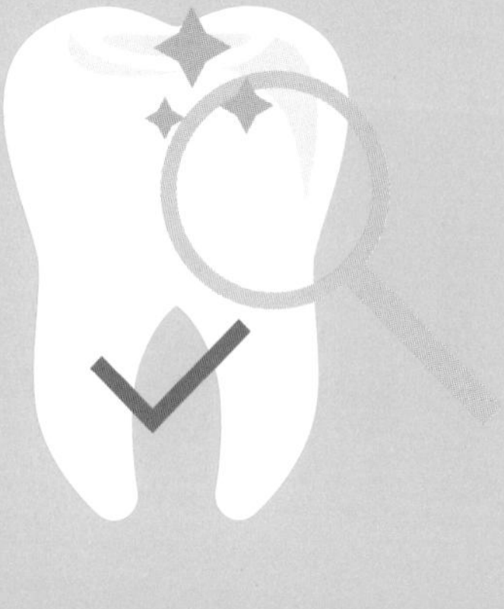

植齒科技與潮流

歷史總是步向進步的

回想起最初寫第一篇稿，筆者還是利用筆和紙張去寫作，之後學會了輸入法及手寫板的應用，再先進一點，就是連手都不用提起的「聽寫」方法了。其實植齒科技的進步，也與以上的演進有異曲同工之妙，首先當然是歷史最久的固定牙橋（Bridge），由於它需要將附近好的牙齒磨細，從而損壞了鄰牙的健康，因此牙醫便不斷找辦法去改善，甚至取代它。

在牙科物料越趨先進的同時，多年前 Maryland（Resin Bond Retained Prosthesis）牙橋的誕生可能已是牙科上的一大突破，它不需大幅度磨細附近好的牙齒，而固定方面則簡單地使用牙科的特別黏合水門汀，可惜它有容易脫落的弊端，也因為金屬外露而影響了外形的美觀。

植齒（Dental Implant）誕生了

於是植齒可謂應運而生似的，實際上，它可說是一次過解決了以往所有牙醫所遇到的鑲牙問題，已成為各種鑲牙方案中的天之驕子了。而植齒本身，從白年茂教授（Prof. P.I. Brånemark）於 1982 年在多倫多會議上發表，發明植齒距離現在已有40多年，仍然不斷有改進和突破，而香港及中國亦已有世界公認其水平的「骨整合中心」（Associated Brånemark Osseointegration Centre, BOC），甚至有不少外地醫生專誠來港學習新技術。

顎骨與植齒

人造牙根是地基

「植齒」是將鈦金屬所製成的人造牙根放進顎骨，用以填補缺失的牙齒。簡單來說，植齒就好像興建房子一樣，顎骨就是土地，人造牙根就是地基，而在人造牙根以上的假牙，就是房子了。

顎骨是泥土

地基的穩固程度與房子大小當然必須有良好的配合，房子方會穩固。而地基的穩固程度，除了奠定於安放地基時的過程外，最重要的關鍵，莫過於要有良好的支撐泥土，在興建房子時，工程師當然有辦法改善泥土的品質；可是，醫生卻不能輕易地改善病人顎骨的品質，好與壞可說只取決於病人本身的個別情況，雖然現今的X光片與電腦掃瞄已十分先進，可是醫生也不能輕易地從這些線索中找到答案。

因此，在植齒手術中，醫生便有可能在意想不到的情況下，遇到品質差劣的顎骨，要處理得宜，其經驗便變得相當重要了。情況就像工程師要在一片品質差劣的泥土中，穩固地安放地基一樣，事實上並不容易。

顎骨的品質

顎骨其實與身體其他各部分的骨骼一樣，由表層的硬骨（Cortex）與在內的骨髓（Marrow）所形成，而顎骨品質的好與壞，就取決於這兩個骨層的多寡。

與白年茂教授（Prof. P.I. Brånemark）一起努力多年的Dr. Lekholm和Dr. Zarb曾將顎骨的品質分類成4個等級。最佳的一種，是第一級，有厚厚的表層硬骨，並有小量的骨髓，最常出現的地方，便是下顎前方；相反，最差的一級，只有小量的表層硬骨，並有大量的骨髓，往往出現於上顎的後方。

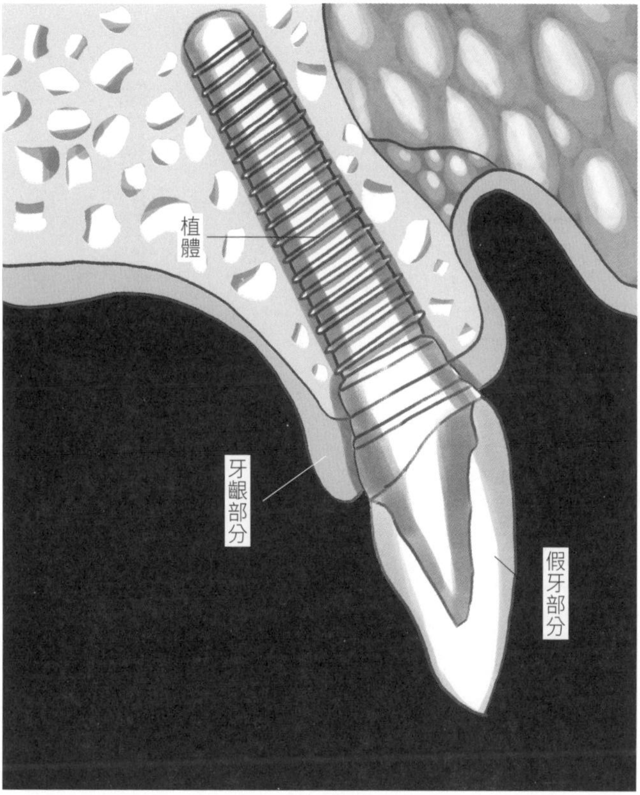

新技術改善成功率

話說回來，顎骨有不同的品質，致使多年前，處於上顎後方的植齒，是特別多失敗事例的；可是，在現今的醫學上，已有不少新儀器與技術，可以將人造牙根穩固地放進品質差劣的顎骨中，因此，於上顎後方的植齒，其成功率已由多年前的70至80％進步到現在的95％。

鈦金屬成植齒首選

鈦金屬的特點及應用

早於上世紀五十年代後期，瑞典白年茂教授（Prof. P.I. Brånemark）在實驗過程中，偶然發現了鈦金屬所製造出來的植體（Titanium Implant），能夠和人體骨骼組織產生「骨整合現象」（Osseointegration）。由於以往在醫學外科手術中，用於固定斷骨的金屬乃不銹鋼，它不單有氧化的危險，更不能和人體骨骼結合，因而產生不少問題及併發症，由此可見，這發現對當時醫學界來說，實在是重大的突破。自此以後，醫學上用以固定骨骼斷口的金屬，不論在意外修復及整形手術方面，鈦金屬都已成為首選。

植齒與鈦金屬

實際上，從開始應用鈦金屬在口腔修復方面至今，已有四十多年的歷史。從最簡單的角度而論，「植齒」只是一種先進的鑲牙方式，過程是利用鈦金屬所製成的植體，放入牙牀骨中，用以支撐假牙，由於其成功率已被證實相當高（95至98%），因此漸為牙醫界所接受。

植齒技術香港領先

植齒（Dental Implant）是現今鑲牙的新趨勢，在香港這個國際大都會中，植齒科技實在已達到國際水平，甚至有不少外地的醫生遠道而來，為的只是學習香港醫生先進的植牙技術。繼早前一班台灣醫生訪港學習「即日植齒」之後，又會有一班馬來西亞的醫生前來學習一種較新的植齒系統。

技術新焦點

植齒技術不斷進步，現今的學術界，討論「植齒是否成功」已是過時的了，因為植齒已有很多證據顯示，是最成功的鑲牙方法。

現時學術界所討論的焦點，主要落在一些高級的植骨技術上，如濃縮血小板血漿（Platelet

Rich Plasma）、濃縮血小板纖維素（Platelet Rich Fibrin）和再生膜修復技術（Membrane Regeneration）。此外，即時植齒及鑲牙（Immediate Implant and Provisionalization），其可靠程度也已得到世界各地認可。

再說，植齒美容學（Implant Aesthetics）也是一個熱門的話題，其中包括了牙肉的高度及牙齒的形狀等。

港產新技術

論到世界植齒潮流，最值得一提的，莫過於由數位香港牙醫所創出來的辦法，稱為 Hong Kong Bridge，這種技術好處已得到廣泛認同。在悉尼舉行的植齒研討會中，也有數名澳洲及歐洲的資深牙醫，大讚這種技術的好處。筆者深信，這種技術日後會更加普及。

植體力學：基本知識

常見問題

常有病人詢問：缺了一顆牙齒，便要植一支人造牙根，那麼全口缺牙，豈不是要種很多支？

答案是否定的。一般來說，一副上顎全口假牙，只需6至8支植體去支撐整組牙齒；而一副下顎全口假牙，則只需4至6支植體去支撐，一些特別的情況如「即日植齒」（例如Novum），甚至3支便足夠。

越多越好嗎？

植體數目的多寡，取決於很多因素，病人要確實知道自己需要植多少植體，便必須詢問醫生的意見。可是，也有一些準則是可以跟隨的。簡單來說：「植體越多，能承受咀嚼時所帶來的傷害之能力就越足夠」，但是太多也有它的壞處，就是假牙會相對地不美觀、手術時間增長與及價格上升等，也都是十分關鍵的問題。

決定之因素

要決定植體的多寡，醫生必須對病人作臨床的診斷（意指病人必須會見醫生），也需要X光片的檢查，一些缺骨嚴重的病人，也有可能需要電腦掃瞄（Computer Tomography），方能決定。

一般來說，醫生會儘量利用最少的植體，以修復最多的牙齒，可是，有一些特別的情況，是需要植多一些植體的，筆者試列舉出一些普遍的因素如下：

1. 缺牙槽的長度比較長（例如缺5顆大牙比缺3顆大牙需要多些植體）；
2. 牙床骨的品質差劣；
3. 牙床骨的厚度與高度不足；
4. 咬合的力度太大；

5. 缺齒區太近神經或鼻竇；
6. 病人要求即日修復其咀嚼功能（意指即時有固定假牙）；
7. 病人有磨牙之情況。

植齒力學：多腳桌子的比喻

植齒數目之多寡，有不少決定之因素，並不是越多植體便越好；病人實在也不用憂心，倘若你失去了所有28顆牙齒，也用不着要植28支人造牙根（植體）的。

桌子的比喻

比方說，一張桌子要安穩地站在地上，一般來說，是需要4個支撐點（即枱腳），但是，若要盡可能使用最少數目之支撐點，眾所周知，最少也需3點，情況就好像鼎足而立一般，3點已有足夠的支撐。

以上這個理論也可以放在植齒上面，就好像筆者曾說過「即日植齒」（Novum），就使用3支植體，只要分布得宜，就能支撐整副下顎假牙，這辦法不但可以將修復速度增快到1天的

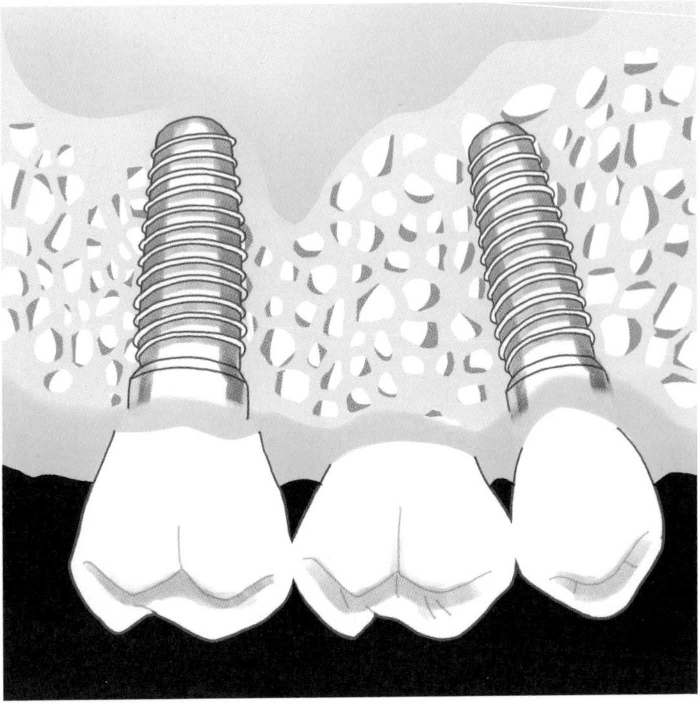

利用 2 支較粗的植體去修復 3 顆牙齒。

時間，也可減低病人支付的診金；可是，這辦法也並非適合所有病人，就如下顎骨太窄或有嚴重高度不足的情況，就只能夠用傳統的4支至6支植體的辦法，才足夠支撐整副下顎假牙。筆者為了減少將來可能不夠支撐而產生的問題，現在下顎全口植齒，都用上4至6支植體。

再談數目

論到一些缺齒比較少

的病人，如圖中所示，倘若您失去了3顆牙齒，按常理去推測，當然要使用3支植體去修復那3顆牙齒，可是情況卻並非一定是這樣，有些情況，倘若顎骨有足夠高度和闊度，也可以考慮利用2支較粗的植體去修復那3顆牙齒。當然，實際數目也要因應不同病人的情況，而作出適當的調節。

上顎全口植齒

「植齒」是利用口腔外科技術，把鈦金屬植體放進缺齒區的牙槽骨內，經過一段時間讓傷口癒合，並產生骨整合現象（Osseointegration）。最後在牙醫和牙科技術員緊密合作之下，將固定到植體上的人造牙齒做好和裝上，病人便可以得到一副美觀和實用的「新牙齒」。

嶄新上顎植齒

傳統植齒手術，病人往往需要10支或以上的植體，以支撐一副全口假牙，亦要等待3至6個月才能鑲上假牙，期間雖可用活動假牙，但手術後牙牀骨會被磨平，病人用舊假牙會更易鬆脫，令進食及外觀都大受影響。

但經過多年的改良，醫生已能有效地控制人造牙根（即植體）植入牙牀骨的深度、方向及穩定性等，因此平均只需6至8支植體（圖中所示上顎有6支植體，而下顎亦有6支植體），

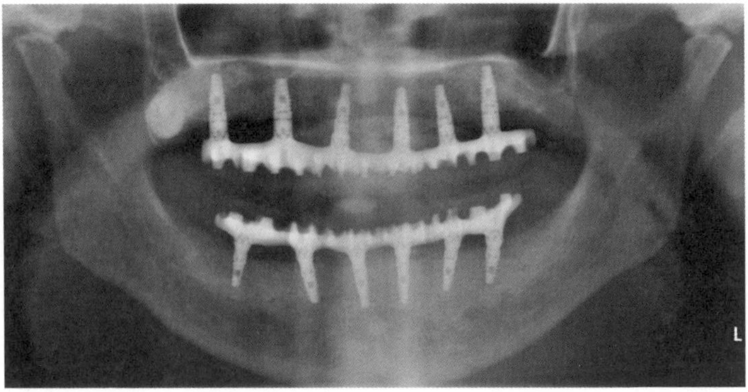

上顎有 6 支植體，而下顎亦有 6 支植體，便能支撐一副全口假牙。

便能支撐一副全口假牙，從而大大減低病人治療所需的費用。再者，在適合的病人身上，更可以即日戴上臨時假牙，翌日便可以進食，6星期後更能鑲上永久假牙。

醫學突破

利用傳統上顎植齒技術，一些上顎牙牀骨較薄的病人，都需要於植齒前做補骨手術，將部分下巴或盤骨移植至上顎，然後等到顎骨生長至適合厚度後，方能接受植齒手術，期間需時12至18個月。

新技術則可將特長牙椿（顴骨植體），由口部直接植入顴骨，病人毋須接受補骨手術，因此鑲牙過程便能大大縮減至3至4個月。此方法乃屬最新的醫學突破，全世界只有少數國家有此技術，而香港牙醫亦已成功引入此方法，成功率及安全性已證實十分可靠。

手術導航植齒：原理

「手術導航植齒」（Surgical Navigation Implantology）乃是植齒科技中的一個重要突破，有了它，病人便可在更舒適的環境下接受植齒手術。簡單來說，此是一種利用病人的顎骨電腦掃描（Cone Beam CT），再利用先進的電腦立體合成技術，製造一個立體影像，然後便可利用這個影像來引導進行植齒手術。

其他手術之應用

導航手術之用處其實非常廣泛，其中超聲波導航技術乃屬一種十分普遍的步驟，用以作出不同的診斷及治療。電腦掃描的導航技術，也已被視為十分可靠和必須的技術。

比方說，病人腦部或肺部長出了腫瘤，若要動手術切除，以往只能從最外處開刀，過程有可能要切除很多正常的組織，方能到達目的地將腫瘤割除。導航手術則只需將小型的手術儀器，透過電腦立體影像，放進患處，再進行切除手術，這樣便可免除大範圍的開刀過程，也不用切除過多的正常組織。

簡單作結

結論簡單不過：手術導航可減低病人的手術創傷，也能減低出現併發症的機會。當然，不是任何手術也適合此方法的，植齒則是其中一種非常適合的手術。

手術導航植齒：應用

快速原型技術

在工業的範疇中，「快速原型技術」（Rapid Prototyping）已相當知名，簡單來說，它是一種高科技的電腦技術，使電腦中所繪畫出來的製作品形狀得到現實化，過程中配合激光切割的精確度，可是由於成本高昂，致使普及程度有限。

輕易度身訂造配件

說到這裡，相信聰明的讀者已可想像得到筆者的意思，「手術導航植齒」（Surgical Navigation Implantology）就是利用電腦掃描合成的骨骼影像，加上快速原型技術，便可成功製造該病人自己個人的骨骼模型及一系列的「手術板」，然後便可進行微創植齒手術，從而可以

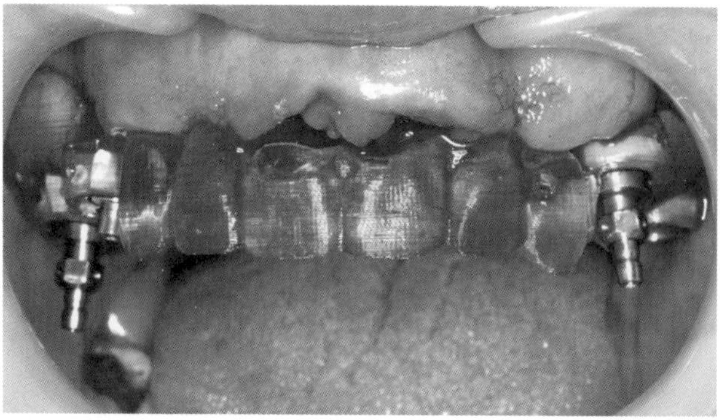

為病人製造個人的骨骼模型及一系列的「手術板」，可令植齒手術更快更準。

將植體的位置（Position）、角度（Angulation）和深度（Depth）控制得更加好。但不是每個病人也適合用此方法，請詢問你的牙科醫生；並且，因成本昂貴，你要付的治療費用，也有可能需要增加了。

這模型是相當有用的，比方說，病人因為某種原因而將部分顎骨切除了，若要製作適合病人的假鼻、假牙或假眼，這個骨骼的模型便可幫助醫生去計劃治療方案，甚至可以在其模型上直接製作出度身訂造的配件，再動手術將之固定。

在沒有此技術以前，醫生只能「估計」出配件的形狀，甚至要在手術途中「即場」製作出來，可想而知，要百分百準確是甚困難的。相反，利用此技術不單可以讓醫生做出更高水準的手術，更可縮短手術時間，從而減少病人手術後的痛楚與及產生併發症的機會。

手術導航植齒：實例

利用電腦掃描（Cone Beam CT）合成的骨骼影像，加上快速原型技術（即 Rapid Prototyping），便可製造出病人自己個人的骨骼模型，這模型的特別之處，就是它是為病人度身訂造的。

口腔癌病例

我們不仿用一個病例來闡釋這個模型的用處。一名病人不幸患上了口腔癌，其左上顎差不多被完全切除了，雖然皮膚完全沒有牽涉在內，但由於沒有骨骼承托的關係，在外觀上也有一定的影響。咀嚼功能方面，大家可以想像，喪失了那麼多牙齒，也有一個大洞在左上顎，因此更不用說了。

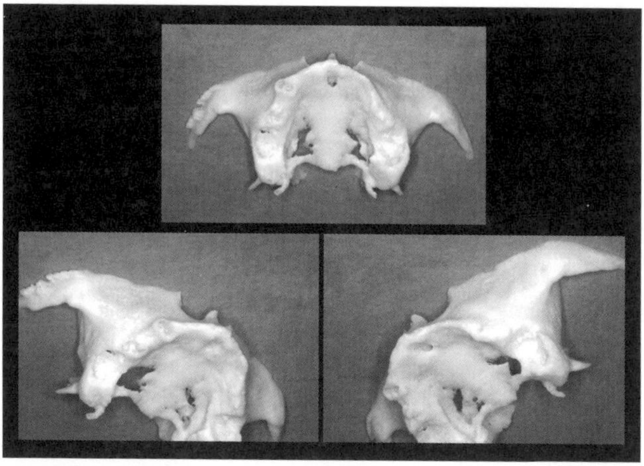

圖一：病人之頭顱骨模型。

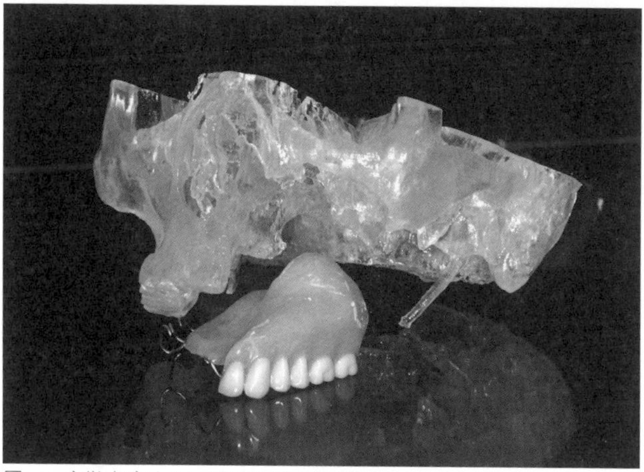

圖二：安裝在病人左上顎缺陷的活動假牙。

快速原型技術

利用快速原型技術，病人之頭顱骨模型便能製造出來（見133頁圖一），醫生亦可清楚仔細地研究及檢查病人失去的骨骼部分，從而設計適合的治療方案。由於現今科技，硬組織和軟組織已可同時打印出來，筆者便曾用此技術，替病人安裝了一個適合左上顎缺陷的活動假牙（見133頁圖二），從而大大改善了病人的外觀及咀嚼功能。而長遠的計劃，便是一副能固定地連接剩餘骨骼的假牙，而顴骨植齒當然是其中一項可以考慮的方案，而有了這個模型，計劃治療方案就更方便了。

門牙記趣：門牙斷裂

梁小姐說：「我昨天在洗手間跌倒，門牙因而斷了，雖然昨天沒有甚麼不適，可是今天早晨起來，便痛得要命，醫生，可否替我修補門牙呢？」

筆者替梁小姐作了口腔檢查及拍了X光片後，開始解釋：「簡單的門牙斷裂，即是說斷層只涉及處於牙齒最外層的琺瑯質或象牙質時，只要將失去的牙齒部分修補妥當，便不會再痛了，可是……」

梁小姐說已急不及待：「那麼我的牙齒呢？」

我說：「你的門牙斷得太深，已到達牙齒裡面的神經線及血管部分，因此你會感到痛楚，再者，斷口亦深入牙床骨，實在難以補救。」

梁小姐又道：「可以用你提及過的杜牙根來治療嗎？」

我再解釋：「無錯，當牙齒斷口太深，已到達神經線及血管部分的時候，杜牙根（即根管治療）便是主要的治療方法，這能使斷了的牙齒不再疼痛，可是，完成了杜牙根後，跟着亦要將失去的牙齒部分修補，關鍵便在這裡了，當斷口深入牙床骨時，便無法好好修補，勉強修補，問題亦會很快再出現，所以在這些情況下，杜牙根便變得無價值了。」

梁小姐問：「那麼這門牙要脫掉了嗎？」

我說：「就是這樣了。」

梁小姐變得甚為緊張：「那麼沒有了門牙，豈不是十分醜？」

我解釋：「梁小姐，醫生一定有辦法令病人脫牙後隨即有假牙離開診所的，不用太憂心。」

梁小姐輕鬆了一些：「如何能做得到呢。」

李醫生說：「最簡單的，便是今天印製一副牙模，醫生便會在這個牙模上製造一副活動假牙，待數天後脫牙時給你戴上。」

梁小姐又緊張起來了：「數天？醫生，我現在已痛得要命，實在等不到數天了……」

門牙記趣：美容齒科

梁小姐於洗手間跌倒，令門牙斷開了，經過筆者診斷後，證實了需要脫除，可是她卻十分憂心美觀問題。事實上，有不少同類型的病人都會有這種憂慮。

牙科潮流「美容齒科」（Esthetic Dentistry）

在香港這個不斷進步的國際大都會中，病人的要求的確比以往高，因此「美容齒科」（Esthetic Dentistry）的需求實在亦不斷提高，多年前，大部分病人只會懂得在牙痛時找牙醫處理，但現在已有不少病人只為「美觀」而求診，不論改善門牙表面的牙套製作、減少太多牙肉及牙齒外露的手術、漂白牙齒、隱藏式箍牙等，都越來越普及，甚至形成了一個潮流。

隱藏式箍牙

論到城中最熱門的美容齒科話題，便非提隱藏式箍牙不可了，比較有名氣的，不能不說 Invisalign 了。Visual 乃視覺的意思，而 Align 則是將牙齒排列整齊的意思，混合來說，Invisalign 這個名字便可解作「不能看見式箍牙」。

傳統的箍牙（即牙齒矯正），是在牙齒表面鑲上鋼箍（包括 Braket 和 Orthodontic Wire），醫生繼而會小心地根據不同的需要而加力，以慢慢將牙齒的位置移動。新興的方法其實亦包括 Lingual Orthodontics，意指牙箍會放在舌頭的一面，因此便較難被人察覺到，從而達到美觀地矯正牙齒的效果。

那麼 Invisalign 究竟又是甚麼呢？Invisalign 的治療過程只需要病人讓醫生印製一副牙模（當然亦需 X 光片幫助醫生了解病情），再送到外國用精密的電腦分析，從而製作出一套完全透明的「牙齒矯正器」，病人只須在平日戴上，在醫生的指導下定期更換，便能達到牙齒矯正的效果，期間不需用到鋼箍，不但難以被其他人察覺，而牙齒矯正器亦可經常拿出來清洗，因此亦解決了以往鋼箍的衞生清潔問題。

但是並不是所有病人也適合此方法，請詢問你的牙科醫生。也有病例是需要透明矯正器配合傳統鋼箍方可完成治療的。

脫牙後即時鑲牙

這一陣子仍經常有病人詢問：脫牙後是否可以即時鑲牙呢？

「傳統」一定是最好的嗎？

傳統的鑲牙技術，主要分為活動牙托（Removable Denture）及固定牙橋（Bridge）兩種，由於脫牙後牙肉及牙床骨需要3至4個月時間去復完及穩定收縮的幅度，因此醫生往往提議病人於數月後方可鑲牙，以便達到最理想的效果，否則就算勉強鑲牙，也不會美觀和舒適。

可是，醫學進步一日千里，以往是恆久不變的道理，也已經不是必然的事實。

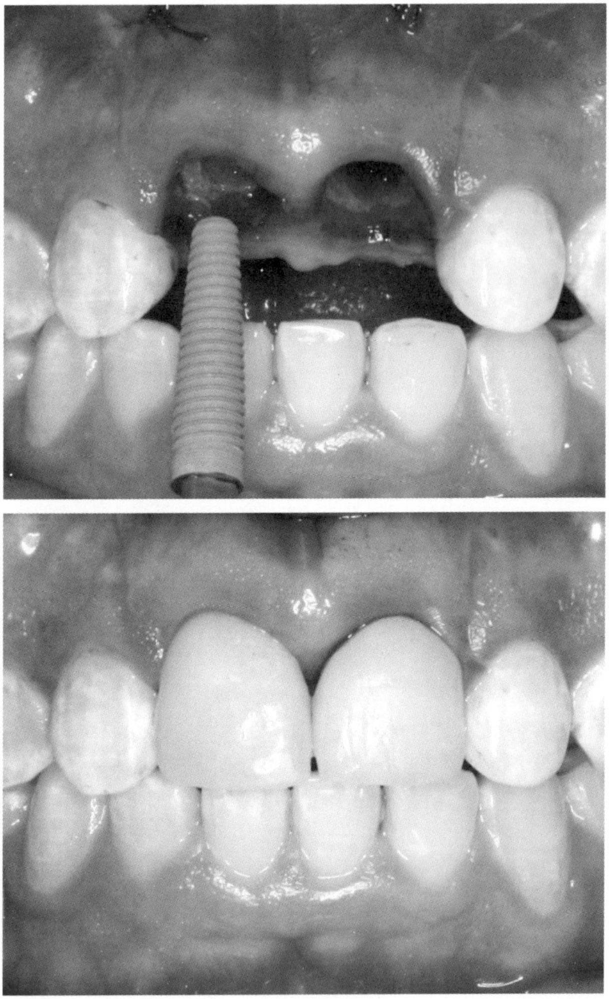

兩顆前切齒在脫除後即時放入植體，再鑲上假牙，既美觀又舒適。

即時植齒及鑲牙

現在，脫牙後是可以即時鑲牙的，方法就是「即時植齒及鑲牙」（Immediate Implant and Provisionalization）。

即時植齒及鑲牙實在有莫大好處，它不單能在脫牙後提供即時的臨時假牙（固定而不是活動的），也大大改善了假牙的美觀和舒適度，也不需定期取出來清洗，或將旁邊健康的牙齒磨細。可是，也有小部分病人是不適合此治療方法的，決定因素在於病人顎骨的質（Quality）與量（Quantity）是否足夠，目的是使植體能成功地與顎骨組織產生「骨整合現象」（Osseointegration）。

「即時植齒及鑲牙」有多好？

筆者常言道「即時植齒及鑲牙」（Immediate Implant and Provisionalization），意指脫牙後即時將鈦金屬所製成之人造牙根放入牙床骨中，並即時鑲上固定假牙，是醫學科技的一大突破，並常說它比傳統的鑲牙及植齒技術更能達到舒適和美觀之效，不少讀者或會感到十分抽象，那麼我們何不以一幅簡單的圖片去闡釋當中的原由呢？

牙肉（牙齦）的形狀

倘若大家有留意自己的牙肉，你會發現，其實牙肉的形狀是十分複雜的，而其中一個比較重要的部分，就是牙齒與牙齒之間，一個形成三角形狀的牙肉部分，被稱為「牙乳頭」（Papilla），特別是在門牙旁邊的位置，可說是令牙齒美觀不可缺少的一環。圖中兩顆前門牙（2和3）之間的牙肉就形成了一個倒轉了的三角形，相反，1和2之間則欠缺了這個倒轉三

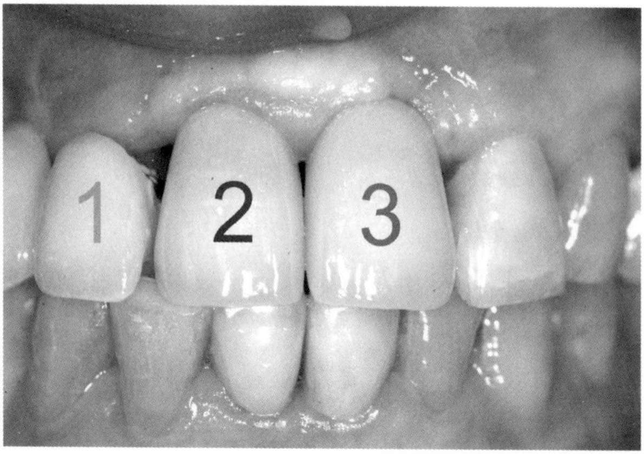

角形，一看而知，缺少了這部分的牙肉，縱使牙齒多漂亮，也不會十分美觀。

形狀之改變

那麼牙肉為何會改變形狀呢？原因簡單不過，其中一個主因，就是脫牙了。脫牙後牙床骨會收縮（筆者已提出了不止一次），是不能改變的生理現象，而負責覆蓋牙床骨的牙肉亦會跟着收縮，脫牙時間越長，牙肉便會越來越少，要鑲牙美觀，也越來越困難。當然，大家也應注意，牙周病也能導致嚴重的牙肉收縮。

相反，「即時植齒及鑲牙」不但有機會保存牙床骨，也能及早支撐牙肉的形狀（包括 Papilla 部分），避免收縮，因此能達到最美觀的效果。

植齒會有問題嗎？

雖然植齒在不同研究顯示，成功率已十分高，但在植齒之前，必須作出準確診斷，方可達到要求之成功率。

準確診斷包括醫生臨床的經驗、X光片的檢查，現在比較先進的，就是使用「錐形線束電腦掃描」（Cone Beam Computer Tomogram）來做診斷；這樣牙床骨的寬度和高度便可一目了然，而植體與神經的距離，也可以預先定下來了，因為倘若植體和下顎神經的距離太近，有可能會導致神經受損，影響嘴唇或附近牙齒的感覺。一些疾病或習慣，例如糖尿病、長期服用治療骨質疏鬆藥物、甲狀旁腺疾病、長期吸煙，也有可能減低植體的成功率，若有以上情況，最理想就是在手術前將情況調校及改善。

術前做好準確診斷，可以大大減低失敗可能性，包括有可能出現的細菌感染和神經損傷。

有人會問，植齒會被身體排斥嗎？筆者多年經驗，真正的排斥真的很難找到，若出現問題，比較常見的都是細菌感染；若有此情況出現，給點時間醫生，大多數情況都可以妥善處理，醫生或會由頭開始，排除了之前的不利因素，重新再做，成功的機會率仍然十分高，所以不用太擔心。

完成植齒後，病人也有責任保護整個植齒結構，包括要小心清理假牙，清理牙齦附近的牙菌斑，排除日後植齒附近有「植體周炎」(Peri-implantitis) 的機會。亦要小心使用你的假牙，太硬的東西，不要胡亂用假牙嘗試咬碎。筆者有一個病人，常常不小心用假牙咬上金屬叉子；對不起，任何假牙也硬不過金屬叉子，損壞的，一定是假牙而不是叉子。又比方，牙齒只得一副，它要對抗的，卻是 365 天不同硬度的食物，所以它也會積勞成疾。其實，很多病人也不會胡亂咬過硬食物，只有少數病人，會出現以上的情況。

由於植齒可用一生之久，通常醫生都會定期為病人覆診，有需要時，要調校改善口腔衛生的方法，也要定期照 X 光片來檢查牙床骨的收縮情況，如有需要，可盡快糾正，所以覆診是必須的。

第四章

口腔頜面科技全面睇

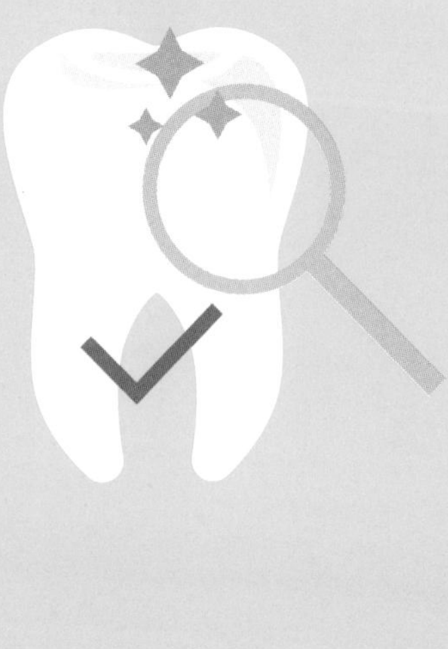

面頜與牙骹痛

「牙骹」乃是下顎骨（髁突部分）與頭顱骨（顳骨部分）連接的部分，由於是可隨意活動的，因此被稱為關節，正確學名為「顳顎關節」。

關節盤（Disc）

顎骨與頭顱骨是屬於硬骨的一種，兩者倘若經常磨擦，必會導致損耗的情況，可是，造物者確實有祂的辦法，就是利用一塊密度高的結締組織（Connective Tissue）來分隔開兩者，使它們不會有直接的磨擦，而這個部分就稱為「關節盤」了。

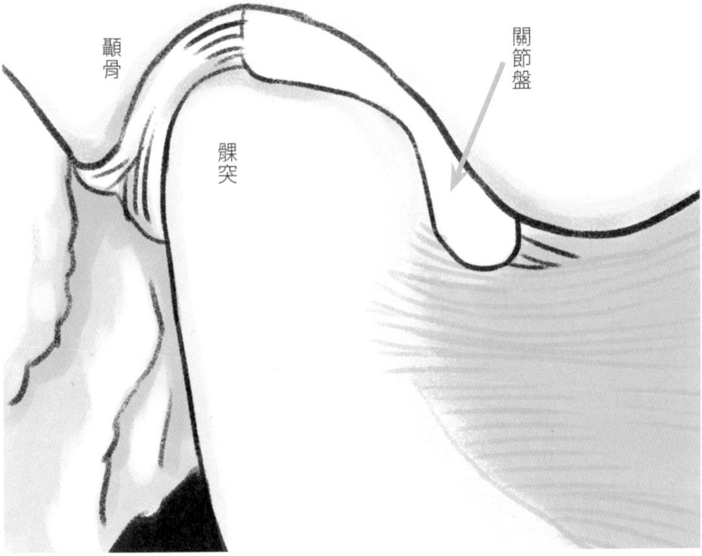

關節盤出了問題

長久勞損、牙齒咬合不正、缺乏大牙、不良咀嚼，也有可能使關節盤移位（Dislocation）或被弄穿（Perforation），這時顎骨與頭顱骨便會有直接的磨擦機會，久而久之，甚至會形成骨刺（Osteoptye），這時候，有些病人或會產生經常性的嚴重疼痛。

再者，病人若遇上這方面的問題，往往會牽連咀嚼肌，甚至頭部之肌肉，引致抽搐，於是病人便會有「整個頭和面也痛」的感覺，相反，只會感到牙骹痛的病人，實在只屬少數。為此，醫生在診斷時也會比較困難，因而病人往往也需見醫生2至3次，或作進一步的X光片、磁力共震之檢查，方能達到正確之診斷。

牙骹咯咯聲

顳關節盤（就是用來分隔開顎骨與頭顱骨的軟骨），它的功能實在不止上文所述這麼簡單，由於人體的口部動作沒有一定的樣式，而下顎骨活動時與頭顱骨的最近點也不時有所轉變，因此，關節盤便需要有活動能力，方能達到防止硬骨磨損的功能。

關節盤移位（Dislocation）

意指關節盤不能正常地活動，而最普遍的，就是關節盤移至下顎髁突（Condyle）部分的前方，當病人張開口的時候，就迅速地歸到顎骨與頭顱骨之間（形成第一聲「咯」），繼而當病人閉口的時候，又迅速地移到骨阜的前方（形成第二聲「咯」），這樣，連接關節盤的各種組織（如韌帶）就會被拉傷，使病人感到痛楚，也會不時在說話或咀嚼時產生「咯咯」響聲。久而久之，關節盤或會永久地處於這個位置，甚至會慢慢破損，形成一個洞（perforation）。

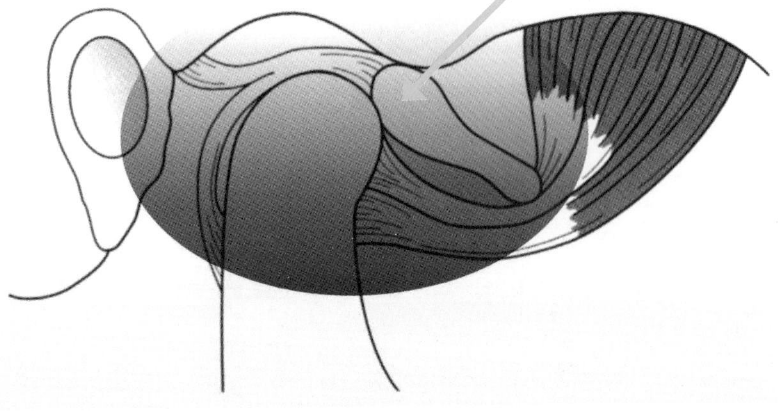

處理方法

休息是必須的治療方法，若有牙骹毛病，病人切忌用力張開嘴巴，也不應吃太硬的食物，若有充分時間休息，關節盤便有機會慢慢復元。

倘若情況欠理想，醫生或會使用藥物和牙膠以控制病情，與及教導病人進行一些物理治療，而關節盤內窺鏡檢查，除了有其診斷功用外，也有某程度的治療作用。可是，也有一些病人是需要接受外科手術以改善情況的。

牙骹毛病之治療

處理牙骹毛病，休息是必須的治療方法，用力張開嘴巴或吃太硬的食物也有可能導致病情惡化。可是，一些經過多月休息仍感到痛楚的病人，又如何是好呢？

藥物和下顎運動

由於咀嚼肌酸痛是常見的病徵，因此醫生往往會處方一些鬆弛肌肉的藥物，這不單能使肌肉得到鬆弛，也能使病人在鬆弛無痛的情況下，輕鬆地進行一些下顎運動，以糾正病人以往錯誤的口部動作。請注意，這不是止痛藥，若要感到有果效，有可能要服藥一段時間。也有些病人需要注射「肉毒毒素」（Botulinum Toxin）方可鬆弛相關肌肉。

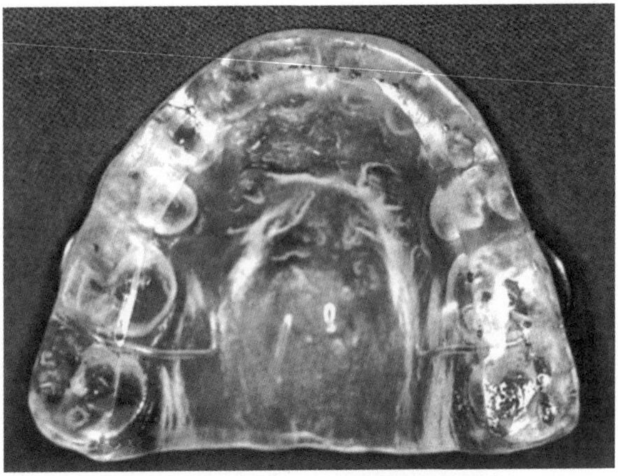

牙膠可用以糾正病人以往錯誤的口部動作及鬆弛肌肉。

牙膠（見圖）

用以糾正病人以往錯誤的口部動作及鬆弛肌肉，一般來說，大約有七成的病人，只需在睡覺時戴上，經過3個月便會有明顯的改善，以上兩者都是保守治療法，倘若真的沒有好轉，便有可能要進行關節盤內窺鏡檢查。

關節盤內窺鏡檢查

若磁力共振診斷證實有「關節盤移位」現象，病人也有不適，就可進行關節盤內窺鏡檢查及治療。意指將內窺鏡放進關節內，能直接看到其損壞之情況，除了有診斷功用外，亦可將有害的新陳代謝廢物（這些都與牙骹痛有密切的關係）沖走，因此也有治療作用。

外科手術

醫生可以外科手術，將已移位的關節盆拉到正確的位置，也有可能將破穿了的關節盆修補妥當。至於較嚴重的骨刺問題，也可用特別的儀器來磨平它們。

兔唇、裂顎：成因

甚麼是「兔唇、裂顎」？

相信不少讀者也曾聽過「兔唇」和「裂顎」，簡單來說，這是一種天生的缺陷，而並非一種疾病。「兔唇」即天生上唇不完整，分成左右兩部分，或人中部分與左右兩邊不連接而分成3份。「裂顎」即天生上顎骨不完整，亦是分成2至3部分，因此口腔與鼻腔便直接互通，從而影響發音及吞嚥。

成因

「兔唇」和「裂顎」的成因可算十分複雜，而大部分的醫生都相信是多原性的（即由多種原因所致）。其可能性包括：遺傳（與40％個案有關）、懷孕期缺乏葉酸或服用過量類固醇、阿士匹靈及酒精等等。

到現時為止，仍未有方法可完全避免「兔唇」和「裂顎」的出現。可是，新興的懷孕期立體診斷技術，相比起舊式的超聲波技術，就更能在出生前看清楚胎兒有沒有各類形的缺陷，從而讓父母有足夠的心理準備。

錯誤觀念

在現今那麼文明的社會中，仍有不少中國人（甚至香港人）認為「兔唇」和「裂顎」乃是上天對惡人的懲罰，也不時有將此類嬰孩拋棄的事例。

事實上，父母突如其來要面對一個兔唇或裂顎的嬰孩，當然十分困難，縱使有十足準備，亦不免有不知所措的感覺。可是最困難的，莫過於一出生就開始要面對此問題的嬰兒本身，你可知他們一生要面對多少次的手術呢？你可知他們一生要面對多少次的怪異目光呢？因此希望大家明白，他們是極需要別人的支持和鼓勵的。

「那些兔唇或裂顎的人，必定是有智商問題的。」這簡直是一個極之荒謬的理論！「兔唇」和「裂顎」的人只是外表與常人有所不同，實與弱智扯不上任何關係！依筆者的經驗，甚至會覺得他們大多數都十分聰明的。

兔唇、裂顎：修補手術

「兔唇」和「裂顎」可以在一個病人身上同時出現，或獨立出現。由於嘴唇有缺陷是很容易給別人察覺的，若不及早修補，不論對父母或嬰孩本身都會做成沉重的心理壓力，甚至有可能影響嬰孩日後的待人接物及心智發展，因此醫生首先要解決的問題，便是如何去修補兔唇。

修補兔唇

修補兔唇最困難的，便是軟組織的不足。試想，你將一張白紙分割成3份，丟去中間的一部分，將餘下的部分用膠貼貼上，被分割的白紙變回一張白紙，可是，這已是一張短了的白紙。

醫生要修補兔唇，也是一樣，沒有足夠的軟組織，要造出一個有正常長度與厚度的上唇，就要有特別的手術技巧了。有一些軟組織嚴重不足的症狀，甚至不能在同一個手術中得到完全改善，因此，需要兩次甚或多次手術去修補兔唇，也並非罕見。

修補裂顎

裂顎是上顎骨不完整，使口腔及鼻腔相連，不但影響衞生，也影響吞嚥及發音。由於上顎骨的完整對小朋友的語言發展有着很密切的關係，因此越早修補裂顎，病人的發音便更能得到健全的發展，相反，越遲修補裂顎，病人的發音便帶越重鼻音，因此有些聲音便不能正確地發出來了。

話說回來，那麼是否只要儘快修補裂顎，問題便解決了？事實上，倘若太早動手術，那些疤痕便會阻礙顎骨之發育，使面部中段近鼻子的部分發育不全，外觀上便是一幅凹了的面孔；要改善這個問題，便要使用「顎骨整型術」了。

為此，要平衡顎骨與語言之發育，實在是一件難事，而大部分醫生的意見，都認為大約在兩歲半的時候動這個手術，是最適合的時間。

兔唇、裂顎：配合多種治療程序

再一次說，「兔唇」和「裂顎」的處理，是十分複雜的。其中最主要的，是要在適當的時候去修補它們，病人除了要接受外科醫生的基本治療外，亦需要有其他不同專長的醫生及醫護人員去幫助他們，以達到理想的效果，其中包括：

口腔頜面外科

負責修補「兔唇」和「裂顎」；倘若病人發音有問題，便可進行一種咽部手術，用以減低說話時所含的鼻音；在病人有上顎骨骼發育問題的時候，便會利用「顎骨整形術」來改善面部的凹陷情況；也有些時候會聯合其他專科醫生（如整型外科醫生），以幫助病人改善鼻部及嘴唇的美觀問題。

牙科醫生

負責處理牙患；由於「兔唇」和「裂顎」的病人往往比其他人少生或多生一些牙齒，所以牙齒數目要有長遠的計劃，因此醫生會替病人定下一連串的防蛀牙及牙周病的措施，病人切記：千萬別貿然脫掉牙齒。對於一些兔唇和裂顎的程度都十分嚴重的病人，亦需要兒童齒科醫生去處理一些較複雜的問題。

矯齒科醫生

由於裂顎部分欠缺牙床骨，致使牙齒不能生長到應處的位置，就算長出來了，亦未必有足夠的牙床骨支撐，因此牙齒便容易鬆脫。而外科醫生則會利用手術方式，在病人大約九歲的時候，進行補骨手術，這樣，牙齒長出來的時候便有足夠的牙床骨支撐，接着矯齒科醫生便會負責計劃如何將牙齒排列整齊，從而達到美觀和咬合正確的目標。

語言治療師

裂顎使口腔及鼻腔相連，加上軟顎肌肉不全，從而影響病人發音，主要問題是說話時會帶有過重的鼻音，為此語言治療師便對病人的語言發育有着重要的角色。不論在咽部手術前或後，都必須有語言治療師輔助病人改善發音。事實上，由於覆診次數頻密，不少病人也拒絕應診，依筆者看法，相比起沒有接受過治療的病人，語言治療師實在能大大幫助病人，因此切記定期覆診。

兔唇、裂顎：修補牙床骨

修補牙床骨是甚麼？

上顎是由軟組織和骨骼所形成的，以往筆者所說的「修補上顎」，意指利用上顎的軟組織，來製造一個屏幕，用以分隔開鼻腔和口腔，實質上是沒有以骨骼去修補裂顎部分；因此，概括而言，「修補上顎」的手術是沒有將先天的問題改善到完全正常的狀態。

兔唇和裂顎的病人，往往在牙床骨中都有先天性的缺陷（牙床骨就是支撐牙齒的上顎骨部分），引致附近的牙齒不能長在正確的位置，從而影響咀嚼、外觀及發音。而「修補牙床骨」則是以骨骼去修補先天性的牙床骨缺陷，使牙齒能在正確的位置生長，此外，更可改善鼻翼和上唇凹陷此類經常出現的情況。

何時修補牙床骨？

太早修補牙床骨，也會像過早修補上顎一樣，影響顎骨發育，而大部分醫生都提倡在病人約九歲半的時候接受此手術，以令在缺陷附近的牙齒（如上犬齒），在將長出來的時候，已有足夠的牙床骨支撐，因此便不會長到錯誤的位置。

從何處取骨修補牙床骨？

修補牙床骨要使用骨骼去填補其缺陷，那麼從何處取得骨骼呢？

倘若缺陷不大，便可利用骨骼代替物（Bone Substitute）或利用智慧齒附近的顎骨來填補其缺陷。但若缺陷太大，便要利用下巴部分之顎骨（Chin Bone），甚至要用到盤骨（Hip Bone）方足夠。而最先進的補骨方法，就不可不提到PRP（即Platelet Rich Plasma），意指利用病人血清中的生長要素，去引發身體的自我造骨本能，以減低取骨分量之需求；有了此方法，病人便有可能避免大型的取骨手術，其有效程度亦已得到世界學術界之認可。

輕微露齒過多

香港經濟轉差，樓市又開始下調，筆者看到不少病人叫苦，但有一個很奇怪的現象，就是多了醫生轉介一些年輕女病人，接受小型牙肉手術，用以改善牙肉外觀。究竟有那些方法可以改善牙肉外露的情況呢？

1. 小型牙肉手術

於局部麻醉下進行，需時只約半句鐘，目的在於升高牙肉水平，使原本能看見的牙肉部分再難以看到，不過可以升高的幅度是有限制的，最多也不過是2至3毫米而已（但很多情況下已有很明顯的改善了）。假若再多，便必須利用「顎骨整型術」，即Orthognathic Surgery。

倘若病人想再舒適一點，便可利用靜脈麻醉，使手術在睡夢中進行，筆者發現此方法實在很受病人歡迎，事實上，香港大部分此類手術亦是在這種麻醉方式下進行的。

2. 根管治療

由於以上手術會令牙根外露，因此病人或會感到牙齒酸軟，為此醫生或會幫病人的門牙做「根管治療」，俗稱「杜牙根」，意思是將牙齒的神經及血管除去，這樣，牙齒便不會再酸痛了。

3. 牙套製作（傳統VS氧化鋯）

完成了以上兩個過程，便到最後的步驟牙套製作了，目的是要改善原有牙齒的形狀及角度，覆蓋較深色的牙齦部分，最終達到美觀的效果。

要達到最美觀的效果，則非提氧化鋯（Zirconia）牙套不可了，由於以往的牙套是以金屬及瓷為材料，於牙套底部，金屬顏色會透出來，因此仿真程度較低。而氧化鋯則是一種特別堅固的物料，因此毋須用金屬承托，美觀程度可媲美以往的全瓷牙套，並有獨特的透光作用，仿真度亦相對提高。可是，價錢亦比舊式牙套高出數千元；並且，氧化鋯也可在植齒的假牙上使用。

你會露齒太多嗎？

或許傳媒的影響力實在太大了，「露齒太多」已經不只是電影紅星所憂慮的問題，在這個物質豐盛的社會中，普羅大眾對「美麗」的要求越來越高，而「露齒太多」在不少人的心目中，亦已成為了一個「不美觀」的典範，所以筆者亦發現，因為這個問題而求診的病人有上升的趨勢。

露齒太多的定義：

在口腔頜面外科的範疇中，「露齒太多」是有一個明確定義的。可是，為了讓大家能明白得更清晰，倒不如大家按照筆者的指示，進行兩個小測試來得實際：

1. 面對鏡子，放鬆自己（特別是上下嘴唇，不要着意緊閉），量度外露出來的門牙長度，大於

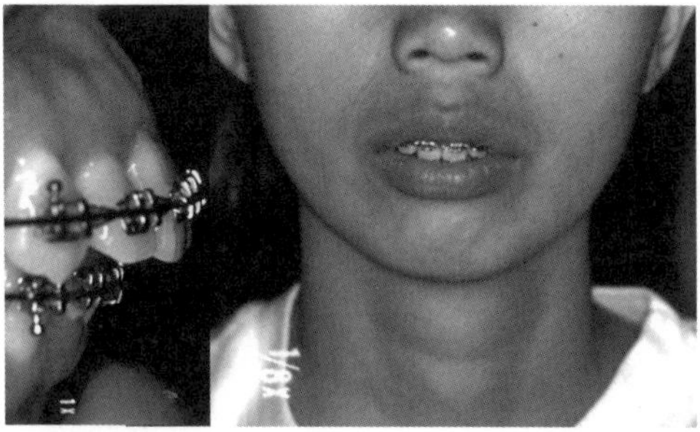

嚴重露齒可以手術改善。

2毫米的便可稱為「露齒太多」，大於5毫米的可稱之為嚴重型；

2. 對着鏡子，露出燦爛的笑容，再量度外露出來的門牙長度，大於7毫米的便可稱為「露齒太多」，看到牙肉的可稱之為嚴重型。

真的要接受治療嗎？

事實上，「露齒太多」是絕對有辦法改善的，可是，假若情況不是太嚴重，又沒有影響日常生活，又何苦要勞師動眾，去改善那微不足道的偏差呢？當然，若果自己也不能接受，又或有工作的需要，甚或影響咀嚼功能，就必須詢問有處理此類問題經驗的醫生，有沒有改善的必要。

改善辦法概論

醫生必須按照不同的病人及病徵，建議不同的改善辦法。最簡單的，可以做一些牙套（Crown），便能得到改善。有些情況，或需接受一些牙肉小手術，再造牙套，方能達到理想效果。當遇到嚴重露齒的病人，可能必須用牙齒及顎骨矯正術（Orthognathic Surgery）了。

露齒太多的原因

了解了「露齒太多」的定義、以及改善的辦法後，可以談談這個問題的病因何在。

事實上，露齒太多是一個很複雜的問題，其中牽涉上唇、顎骨與牙齒的長度和角度的配合和平衡；可是，簡單地說，「露齒太多」主要原因有以下4種，至於個別病人屬於那一種，便要看醫生的臨床診斷，加上X光片的輔助，方能定斷，當然，你必須詢問有處理此類問題經驗的醫生。

1. 牙齒過長

這是最容易明白的一種，其改善辦法亦是最簡單的。當牙齒長得比上唇長，露出來的部分自然較多，特別是一些曾長期受牙周病困擾的病人，牙齒會容易越長越長及向外傾斜，形成露齒太多的現象，可是，天生的情況亦非罕見；而改善辦法主要涉及牙齒矯正（Orthodontics）、製作牙套（Crown）或配合小型牙肉手術（Periodontal Surgery）即可。

2. 顎骨過長

上顎骨與牙齒實際上是一個整體，上顎骨過長，與它相連的牙齒亦會因而向下，致使正常長度的上唇無法將牙齒掩蓋，因此牙齒便露出來了；其改善辦法則以顎骨手術（Orthognathic Surgery）為主，病人於手術後有最顯著的改善。

3. 顎骨過前

假若上顎骨生長得過前，與它相連的牙齒亦會因而向前突出，情況就像從蛹中鑽出來的蝴蝶一樣，要搶着暴露於人前，因此便比正常露出更大部分的牙齒；雖然此類病症比起顎骨過長較複雜，可是其改善辦法亦是以顎骨手術（Orthognathic Surgery）為主，病人於手術後的改善亦是十分顯著的。

4. 上唇過短

有些顎骨生長得恰到好處的病人，亦會有露齒過多的情況，原因是上唇過短，沒有足夠的軟組織去掩蓋牙齒，致使牙齒外露。改善辦法則以軟組織手術（Soft Tissue Surgery）為主，可是效果往往比起能用顎骨手術改善的情況較為遜色，因此亦是最難治療的一種。

露齒太多的治療

「露齒太多」有4種主要病因，不同病因及嚴重程度便有相對應的不同治療方法。當然，每一位病人都會希望接受最少的治療，而達到最好的效果。可惜，世事往往不是那麼完美，從筆者的經驗發現，不少求診的病人，都屬於嚴重型，因此往往需要整型顎骨手術方能達到最理想的效果（或許那些輕微型都不會太在意罷了）。

醫生必須按照不同病人的病徵，從而制定不同的治療方案，不能一概而論，所以以下的5種改善方法，只能作參考用途，病人必須詢問有處理此類問題經驗的醫生，以找出最適合自己的方法。

1. 製作牙套（Crown）

意指將前牙齒磨細，再套上牙套（最普遍的則是金屬外鑲瓷牙套），用以縮短牙齒長度，倘若需要改善的長度或角度太大時，那些牙齒或許先要接受根管治療，俗稱杜牙根。

2. 牙齒矯正（Orthodontics）

俗稱箍牙，用以改善牙齒角度及排位，對於病因在於牙周病牙齒移位的病人，會有明顯的效果，但對於天生「露齒太多」的病人則可說無能為力。

3. 小型牙肉手術（Periodontal Surgery）

用以將牙肉高度向上升高，再配合牙套應用，此方法適用於只有數毫米的偏差，手術過程大約只需半小時，而手術範圍亦只涉及牙肉部分，因此比顎骨手術舒適得多。

4. 顎骨手術（Orthognathic Surgery）

用以將錯誤位置的顎骨放回正確的地方，或須配合牙齒矯正，方能達到最理想效果。手術需時會因應不同病症而有所不同，而手術亦只會於口腔內進行，絕不需在臉部皮膚開刀，可是必須於全身麻醉中進行，其優點在於手術後必定會有明顯的改善。此類手術，也可改善上顎或下顎天生太前或太後，或顎骨不對稱之情況。

5. 軟組織手術（Soft Tissue Surgery）

用以將上唇增長，優點在於手術簡單，缺點在於手術後未必會有明顯的改善，亦不適合一些屬於嚴重型的病人。

妙用「鈦金屬」

論到鈦金屬的用途，除了用來固定斷肢及植齒外，在口腔頜面外科的治療中，亦是一種非常重要的醫療物質，其用途實可說多不勝數，以下便是一些例子。

顎骨整形術（Orthognathic Surgery）

用以改善病人顎骨的缺陷，包括露齒太多、上下顎過長或過短、下巴太細和嚴重哨牙，都能以此方法改善其外觀。方法是將顎骨以手術方式移至正確的位置，而在骨骼斷口未完全癒合之前，鈦金屬片及螺絲則可用作固定位置之用途，其安全性已得到醫學界的認同。至於復完後有沒有必要將它們除去，則因人而異，而事實上大部分在體內的鈦金屬都極之穩定，毋須拆除。

在香港，已有不少病人曾接受這類手術，因而得到牙齒、咬合及外觀上的改善。據筆者統計，全港包括政府和私人執業診所中，每月大約有50至100個病人經牙醫轉介到口腔頜面外科醫生求診，以詢問有關問題。

意外斷骨修復技術

當病人因意外而導致顎骨斷裂時，口腔頜面外科醫生則會利用外科手術方法，將斷開的顎骨部分放回原位，以避免外觀或功能上受損，情況就如顎骨整形術一樣，在骨骼斷口未完全癒合之前，利用鈦金屬片及螺栓作固定用途，分別只是該斷口是意外所產生，而並非由醫生所製造出來的。

腫瘤顎骨修復

當病人不幸患上顎骨腫瘤，要將部分顎骨切除時，或有需要採骨以修補缺失之部分，在植骨康復期間，必須確保植骨不會受到騷擾，故此醫生會利用鈦金屬製作一個網狀的容器，稱為Titanium Mesh Tray，用以承托植骨，及提供一個適合的環境讓它們痊癒，目的在於要令植骨與顎骨結合，從而成為顎骨的一部分。

無痛脫牙？靜脈麻醉

身形健碩的楊先生，身體一向健康，甚少看醫生，可是今趟實在難倒他了……

李醫生：「楊先生，你的智慧齒實在蛀蝕到難以補救的地步，可是又不能簡單地脫除，只好動一個小手術將它除掉。」

楊先生：「醫生……我也明白，可是我實在驚得要命……請問你可不可以既不打針，而又在無痛的情況下幫我脫除智慧齒呢？」

李醫生：「事實上，醫生是有很多種不同的方法，可以令病人在舒適的情況下接受手術的，而在口腔內注射麻醉藥水則是最普遍的做法……」

楊先生已急不及待地說：「每當我看見醫生拿起麻醉針時，我便全身發抖了，又怎能讓你繼續做這個手術呢？」

李醫生：「楊先生，請不用憂心，你可以先嘗試熟習本診所的環境，再另約一個時間做這個手術，只要有充足的心理準備，或會減少你的恐懼。假若你仍然感到非常擔心，靜脈麻醉必然對你有幫助。逾九成的病人都很喜歡用這種麻醉的方式，曾有病人有此經歷後，補牙時也要求使用這方法。」

靜脈麻醉沿用多年

上述李醫生所提及的靜脈麻醉已沿用多年，普遍應用於小型手術和牙科治療上。病人只需在接受治療前讓醫生在其手背上安放一支小型的靜脈導管，醫生便可將鎮靜藥水透過導管注入病人體內，不消一分鐘，病人便會進入半睡眠狀態，當你從睡夢中醒過來的時候，治療已經完成了。而在整個過程中，醫生會不斷監察你的脈博、血壓與血液含氧量等，以確保你的安全。

你或會問，這與全身麻醉有甚麼不同呢？靜脈麻醉的目的是令病人減低對四周環境的警覺性，從而處於半清醒狀態，過程中仍會懂得按醫生的指示作出反應。全身麻醉可說是截然不同，病人於麻醉後將完全失去知覺，甚至呼吸也需依靠機器維持，因此風險亦相對提高。

靜脈麻醉在麻醉學上乃屬一種十分安全的方法，能令病人在治療過程中感到舒適，更可令一些身體患有長期疾病的病人，更安心地接受治療。絕對適合大部分的成年病人，但亦有情況是不能使用的，例如患有嚴重呼吸系統疾病的病人、懷孕中的婦女或有凝血問題的病人。

當然術前評估是少不了的，筆者診所中，倘若病人是65歲或以上長者，或手術需麻醉3小時以上，術前就必須抽血檢驗和先做心電圖評估，以確定是否適合此麻醉方法。

全身麻醉小朋友合用

要進行全身麻醉，就必須找註冊的麻醉科專科醫生。

牙科手術

有一些牙科手術，是比一般的脫牙複雜的，其中包括甚麼呢？例如藏得十分深的智慧齒脫除手術、水囊及腫瘤手術，而植齒方面，則有顴骨植齒及大型的補骨手術，也需要全身麻醉的幫助，方能夠進行。

你未必知道，有許多更大型的顎骨手術，都是屬於口腔頜面外科的範疇（即牙科中的其中一門），例如顎骨整型手術、磨鰓骨，這些手術也必須要全身麻醉的幫肋。

對小朋友的好處

有些小朋友，是十分害怕牙科治療的，可是，治療又是必須的，情況惡劣的，甚至要將所有的乳齒脫除，又或者有需要把所有的牙齒修補。事實上，有部分的內地小朋友，由於小時候飲用的食水缺乏氟化物，又沒有足夠的護理牙科知識，所以蛀牙的數目就相對地高。這種情況，牙科治療一般需時較長，如果小朋友不能長時間與醫生合作，這時全身麻醉就大派用場了。

即日回家

只要治療項目不是太複雜，早上做全身麻醉的治療，下午便可以回家的可能性是很高的，當然過程中必須有家人陪伴，治療後病人亦必須立即回家休息。

第五章

牙齒以外

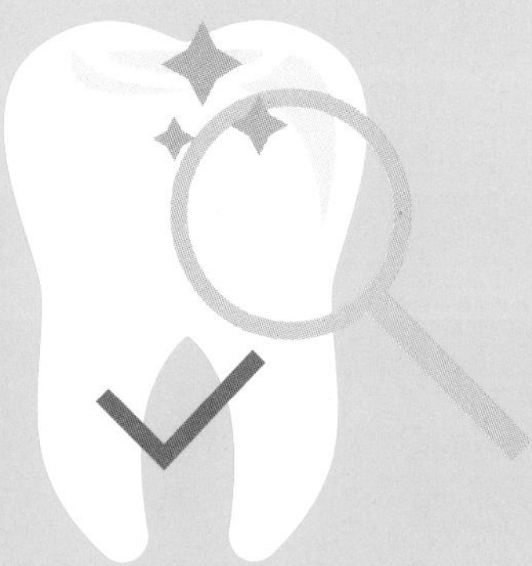

學業等於成功？

由會考轉為中學文憑試，由523變成334，學子仍然離不開以公開試的成績，爭取進入最高學府的命運，有人歡笑有人愁，是一個每年一度的事實，但考得好成績，又是否等於成功？

標準答案

當然，筆者考公開試已是很多年以前的事，考的也是上一代的會考，回憶起當年，真的可算是一場噩夢，那些題目，永遠有所謂的標準答案。比方說，一條很普通的問題：「牙齒是甚麼？」實在可以寫3句鐘也寫不完，當中最少可以舉列出10至20個重點（Keypoints）出來，但是在公開考試裡面的標準答案中，可能只有5個重點是必定要考生寫出來的，倘若你只寫出其他重點，就有可能一分也得不到。

筆者永遠都覺得，一個懂得麻雀習性、結構，卻不懂「麻雀」兩個字的人，相比起只懂「麻雀」兩個字的人優勝。可是，在考試中，取得高分數的人，卻往往是後者。

成績好等於成功？

成績好的，或會感到自己的前途一片光明；成績差的，當然有相反的感覺。但事實上，又真的是這樣嗎？筆者曾認識一個9A的朋友，卻面對不了社會大學給他的磨練，在工作時常常愁眉不展，相反，一個重讀生，成功地進了大學後，更懂得面對社會及成敗得失，結果兩個人幹着的，是同類型的工作，但是他們就好像活在兩個世界的人一樣。當然，成績好是可喜可賀的，那麼，成績差的，就一定活得不好嗎？不是安慰你，筆者的答案……肯定的說……不是。

人生要面對的問題，真是多得很，成績好，只能說將來的道路「可能」平坦一點，但是，接下來的努力仍是十分重要的。秘密地說給你知道：有不少醫生也需要重考多次，方能成功地成為醫生的。

社會醫療

如果清風可帶走不幸、不平和悲哀，就讓清風多一點來、快一點來吧。

寫於 2002 年

急症室收費可以說已是事在必行的了，對於普羅大眾而言，當然不是一個好消息。但是，要一個財政有困難的政府去提供對全港市民的醫療服務，又是否一個不切實際的想法呢？

倘若世界是這麼簡單的話，筆者真想所有治療費用都由政府去支付，可是，一連串的問題也會同時出現，而最令港人憂心的，則莫過於大幅度加稅了，若個人免稅額也下調，亦意味着多了市民進入了稅網。縱使醫療開支佔政府多少部分的支出也好，影響一定是很大的。

要豪華豈非過分？

話說回來，對於醫院管理局多年來的財政管理，筆者真的是有萬二分的保留，真不知道，大筆大筆的支出，為甚麼要花在醫院大堂的耀眼雲石與及停車場出口的華麗噴水池上，為甚麼要將高級醫生房的地面鋪上九彩繽紛的地毯呢？這些都是病人需要的設施嗎？若要豪華的住宿，何不使用私家醫院？

筆者相信，大部分的市民只需要優質的醫療服務而已。如果你屬於另外的少數，既要免費優質的醫療服務，也要豪華設施，你是天真，也是十分自私的人（除非你站出來說：我願為此付出更多的稅款！）。

筆者不懂甚麼政治、經濟，只想提議政府今後必須有長期的醫療方向，量入為出，在改革的過程中，勿讓貧窮的病人求醫無門，千萬別讓不幸、不平和悲哀延續下去。

2017 重新展望

再細看上面15年前寫下的文章，原來醫療改革跟以往一樣，仍然看似是遙不可及，甚至種種更加複雜的問題也漸漸出現。

雙非兒童在香港出生的情況，曾一度令大批大批的婦產科醫生及麻醉科醫生離開政府機構，到私營醫院執業。現在情況雖然已經大為改善，但是，公營醫院人手不足，醫護人員工作時間長，待遇不及私營機構，這數十年間問題已經慢慢浮現；高級或專科醫生及護理人員不斷流失，湧入私人執業市場；而公私營醫療失衡情況仍未有大大改善之前，一些貧苦大眾，可能要面對公營機構之醫療水平質素下降，或大大延長了等候時間。減少醫管局經常性開支，急症室收費價格調整，亦事在必行。醫管局高層與前線工作人員薪酬待遇差距，亦曾被報道遠得不可理解。全民醫療保障方面，諮詢及報告也沒有帶出明顯改進的方向。

對於牙科而言，以往政府對市民，只提供有限度的脫牙服務。於這數年間，筆者看到政府所提供的醫療券及關愛基金實在幫了很多貧苦大眾，令以往沒有經濟能力的，也能得到牙科醫生的治療，甚至可以鑲牙，這可算是政府的德政。

再說一句，筆者不懂政治，也沒有管理才能，但15年仍然沒有解決以往的問題，政府必須三思，從死巷中要找到出路，加油。

泰北的牙齒

甚麼是幸福

香港正歷多事之秋，紛紛擾擾，而在大家不斷積極地討論眾多的社會問題時，是否有一刻想過：自己其實已是十分幸福的呢？

再說，在現今的社會下，有不少兒童或成年人，只會看到眼前的問題，無論事關大小，只要遇到的是感情或是失業的問題，也會使他們聯想到一個解決的方法，就是自尋短見了，有些極端的例子，甚至會覺得這是唯一或最好的辦法，他們都有一個共通點，就是覺得自己不幸福。

泰北與香港

十多年前，筆者第一次去泰國的北部體驗落後地方人民的生活，與及了解當地的口腔衛生情況，感受至深，發現其實香港人真是十分幸福的。

在短短的旅程中，筆者看到有貧窮到要吃地上的泥土以充饑的小朋友，有由於牙齒蛀壞了並長期得不到適當治療而引致嚴重發炎的病人，也有一些無鞋無衣服穿的人。

他們的貧窮既是鐵一般的事實，但積極地面對生命也是他們的宗旨，在那裡，他們每天的工作只是為了一碗、半碗甚至更少的飯。當然，筆者絕對不是建議香港人去過這樣的生活，而是想說：請大家勇敢去面對困難，大家所遇到的悲慘事，未必是自己想那麼慘的。

隨後十多年間，筆者曾到訪過一些非常貧窮的國家，有泰北、緬甸、柬埔寨，亦有雲南及河南偏遠山區，有做口腔衛生教育、利用氟素防止蛀牙、洗牙、補牙及拔牙；我們團隊服務的對象，可能一生中，只能遇到一個牙醫，筆者能做到的不多，但能為他們止一下子的痛楚，已心滿意足。其實，每次都有不同的經歷，而每次的得着，總比付出的多；或者，人的富足其實是為了供應別人的不足，又感到香港人是何等的幸福，將榮耀歸給創造天地萬物的神。

眾所周知，香港正要面對一個革命性的重組，而每個香港人在各行各業中，也正要面對不同程度的衝激；可是，大家可想深一點：我們距離要吃泥土的日子仍相距甚遠，請一起繼續努力吧。

原來如齒

作者：李健誠醫生

編輯：韋桂淇

設計：4res

出版：紅出版（青森文化）

地址：香港灣仔道 133 號卓凌中心 11 樓

出版計劃查詢電話：（852）2540 7517

電郵：editor@red-publish.com

網址：http://www.red-publish.com

香港總經銷：香港聯合書刊物流有限公司

出版日期：2017 年 5 月

圖書分類：醫療衛生

ISBN：978-988-8437-72-6

定價：港幣 88 元正／新台幣 350 圓正